ROBOT

制造业高技能应用丛书

编委会

制造业高技能应用丛书

工业机器人操作与运维

董湘敏 主 编

赵 玮 副主编

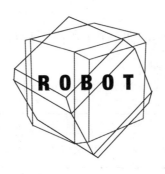

ROBOT

化学工业出版社

·北京·

内容简介

本书按照《国家职业教育改革实施方案》有关要求,以《工业机器人操作与运维职业技能等级标准》为依据,围绕工业机器人的人才培养需求与岗位能力需求进行内容设计,包括"技能基础"和"实操与考证"两个部分,前一部分包括工业机器人操作安全、认知、安装、校对与调试、操作与编程、外围设备、系统维护和系统故障诊断及处理;后一部分以埃夫特本体为例,针对这些内容的具体实操,共分为 6 个项目、17 个任务,每个任务主要包括任务要求、工具准备和任务实施三个部分。

本书适合作为高等职业本、专科院校相应课程的教材,也可作为开放大学、成人教育、自学考试、中职学校和培训班的教材,以及从事工业机器人操作与运维相关工程技术人员的参考资料。

图书在版编目(CIP)数据

工业机器人操作与运维/董湘敏主编;赵玮副主编 . —北京:化学工业出版社,2024.3

ISBN 978-7-122-44893-4

Ⅰ.①工… Ⅱ.①董…②赵… Ⅲ.①工业机器人-教材 Ⅳ.①TP242.2

中国国家版本馆 CIP 数据核字(2024)第 040631 号

责任编辑:王 烨 　　　　　文字编辑:张 宇 袁 宁
责任校对:李雨函 　　　　　装帧设计:王晓宇

出版发行:化学工业出版社
　　　　　(北京市东城区青年湖南街 13 号　邮政编码 100011)
印　　装:高教社(天津)印务有限公司
787mm×1092mm　1/16　印张 16¼　字数 428 千字
2024 年 5 月北京第 1 版第 1 次印刷

购书咨询:010-64518888 　　　　售后服务:010-64518899
网　　址:http://www.cip.com.cn
凡购买本书,如有缺损质量问题,本社销售中心负责调换。

定　　价:79.80 元

制造业是国民经济的主体，是立国之本、兴国之器、强国之基。

近年来，在我国制造业转型升级战略目标的带动下，一大批先进制造企业和先进制造技术纷纷涌现。与此同时，对高素质技术技能人才的需求也变得越发迫切。

2019 年发布的《国家职业教育改革实施方案》中提出，要实现职业教育对接科技发展趋势和市场需求，完善职业教育和培训体系，优化学校、专业布局，深化办学体制改革和育人机制改革，鼓励和支持社会各界特别是企业积极支持职业教育，着力培养高素质劳动者和技术技能人才，为促进经济社会发展和提高国家竞争力提供优质人才资源支撑。由此，以培养高素质技术技能人才为目标的职业教育正成为推动我国制造业发展的重要力量。

工业机器人作为现代制造业中常见的智能化装备，广泛应用于搬运、码垛、焊接、涂装及装配等场合，在提高生产效率、降低人力成本、减轻人员劳动强度、避免有毒有害污染等方面具有明显的优势。

本书针对工业机器人应用中的操作与运维过程进行了较为系统的讲解与说明，分为"技能基础"和"实操与考证"两个部分。其中技能基础部分包括工业机器人操作安全、工业机器人认知、工业机器人安装、工业机器人校对与调试、工业机器人操作与编程、工业机器人外围设备、工业机器人系统维护、工业机器人系统故障诊断及处理等共 8 章内容，每章又根据具体的知识点划分为若干小节。实操与考证部分包括工业机器人操作安全、工业机器人系统安装、工业机器人校准与调试、工业机器人系统操作与编程、工业机器人系统维护、工业机器人系统故障及处理等 6 个项目，每个项目根据具体的实现目标划分为若干个任务。通过这样的内容安排，力求以清晰简洁的形式为读者尽可能详细地呈现出工业机器人操作与运维所涉及的相关知识与技能。

本书作者均来自河北石油职业技术大学，由董湘敏担任主编，赵玮担任副主编，参与编写的还有张春青、王晓亮、付鑫涛等老师。本书编写过程中的具体分工是：第 1 章、第 2 章、第 5 章（5.1、5.2、5.4、5.5）和项目一由董湘敏编写；第 3 章、第 5 章（5.3、5.6）、项目二和项目四（任务一、任务五）由赵玮编写；第 6 章和项目四（任务二、任务三、任务四）由张春青编写；第 4 章、第 7 章、项目三和项目五由王晓亮编写；第 8 章和项目六由付鑫涛编写；最终由董湘敏负责统稿。

本书在编写过程中，参阅了大量的资料和文献，在此对相关文献作者表示诚挚的感谢！同时，本书在编写过程中得到了陕西智展机电技术服务有限公司的组织协调以及山东栋梁科技设备有限公司的技术支持和帮助，在此一并表示感谢。

本书适用于各类职业院校智能制造大类及相关专业教学与培训，同时可以作为制造业技术技能人员学习的参考用书。

由于编者水平有限，书中疏漏之处在所难免，恳请读者批评指正。

编者

目录

第1部分　技能基础

第1部分

技能基础

第1章

工业机器人操作安全

知识目标

① 掌握工业机器人安全操作规程。
② 熟悉现场安全措施。
③ 熟悉生产现场安全标识。
④ 熟悉工业机器人系统标识。

能力目标

① 能够全面了解工业机器人系统安全风险。
② 能遵守通用安全操作规范实施工业机器作业。
③ 能正确穿戴工业机器人安全作业服与装备。

1.1 工业机器人安全使用

1.1.1 安全使用规程

在安装、维护和使用工业机器人时，不仅要保证工业机器人的安全，还要保证整个系统的安全。

（1）安全操作机器人使用环境

工业机器人不得在以下任何一种情况下使用：

① 燃烧的环境；
② 可能爆炸的环境；
③ 无线电干扰的环境；
④ 水中或其他液体中；
⑤ 以运送人或动物为目的；
⑥ 攀爬在机器人上面或悬垂于机器人之下。

（2）安全操作机器人注意事项

只有经过专门培训的人员才能操作使用工业机器人。操作人员在使用机器人时需要注意以下事项：

① 避免在工业机器人周围做出危险行为，接触机器人或周边机械有可能造成人身伤害。

② 在工厂内，为了确保安全，需注意"严禁烟火""高电压""危险"等标示。当电气设备起火时，使用二氧化碳灭火，切勿使用水或泡沫。

③ 操作工业机器人时需穿戴好工作服、劳保鞋、安全帽等防护措施。

④ 工业机器人安装的场所除操作人员以外，其他人员不能靠近。

⑤ 和机器人控制柜、操作盘、工件及其他的夹具等接触，有可能发生人身伤害。

⑥ 不要强制扳动、悬吊、骑坐机器人，以免发生人身伤害或者设备损坏。

⑦ 禁止倚靠在工业机器人或其他控制柜上，不要随意按动开关或者按钮，否则会发生意想不到的动作，造成人身伤害或者设备损坏。

⑧ 通电时，禁止未受培训的人员接触机器人控制柜和示教编程器，否则误操作会导致人身伤害或者设备损坏。

⑨ 示教机器人时，应注意以下事项：

a. 始终从机器人的前方观察机器人动作，不要背对着机器人进行作业。

b. 始终按预先制定好的操作规程进行操作。

c. 始终抱有万一机器人发生未预料的动作而躲避的想法，确保自己在紧急情况下能安全躲避危险。

⑩ 运行机器人时，应注意以下事项：

a. 运行机器人程序时应按照先单步再连续的运行模式，先低速运行，确定没问题后，再高速运行；

b. 机器人运行中，严禁操作者离开现场，以确保发生问题能及时处理；

c. 自动运行机器人程序时应密切观察机器人的动作，当出现机器人运行路径与程序不符合时或出现紧急情况时立即按下急停按钮。

⑪ 工作结束时，应注意以下事项：

a. 工作结束时，应使机器人停在工作原点位置或安全位置；

b. 机器人停机时，夹具上不应有物体；

c. 离开机器人前应关闭伺服并按下急停开关，将示教器放置在指定位置。

⑫ 突然停电后，要在来电之前关闭机器人的主电源开关，并及时取下夹具上的工件。

（3）安全使用示教器注意事项

示教器是工业机器人系统的重要部件之一，是人与机器人交互的平台，是一种高灵敏度的电子设备。为避免操作不当引起故障或损坏，在操作示教器时应注意以下几个事项。

① 小心搬运，切勿摔打、抛掷或用力撞击示教器。

② 如果示教器受到撞击，要验证并确定其安全功能（使能装置和紧急停止）正常工作且未损坏。

③ 使用时，应避免踩踏示教器电缆；存放时，确保电缆不会将人绊倒。

④ 设备不使用时，应将其放置于立式壁架或卡座上，防止意外脱落。

⑤ 应使用触控笔或手指触碰示教器触摸屏，切勿使用尖锐物体（如笔尖、螺钉或螺丝刀）触碰，以免触摸屏受损。

⑥ 应使用软布蘸少量水或中性清洁剂定期清洁触摸屏，切勿使用溶剂、洗涤剂或擦洗

海绵清洁示教器。

⑦ 不使用 USB 设备时，务必盖上 USB 端口的保护盖。如果端口暴露在外，会有灰尘落入，可能导致设备发生故障。

（4）安装和维护操作规范

任何负责安装和维护机器人的人员务必阅读并遵循以下安装规范。

① 只有熟悉机器人并且经过机器人安装、维护方面培训的人员才允许安装和维护机器人。

② 安装、维护人员在饮酒、服用药品或兴奋药物后，不得安装、维护、使用机器人。

③ 安装、维护机器人时操作人员必须有意识地对自身安全进行保护，必须主动穿戴安全帽、工作服、劳保鞋。

④ 安装、维护机器人时需要使用符合安装、维护要求的专用工具，安装、维护人员必须严格按照安装、维护说明手册或指导书中的步骤进行安装和维护。

1.1.2　相关安全风险

工业机器人作为一种自动化程度较高的智能装备，在操作人员操作之前，首先需要了解工业机器人操作或运行过程中可能存在的各种安全风险，并能够对风险进行预防和控制。相关安全风险主要包括以下几个方面。

（1）机器人系统非电压相关的风险

① 当操作机器人系统时，确保没有其他人可以触碰机器人系统的电源。必须在机器人工作空间前设置安全区域，以防他人擅自进入，如配备安全光栅或感应装置等。

② 释放制动闸时，轴会受到重力影响而坠落。所以，设备除了有被运动的机器人部件撞击的风险外，还可能存在被平行手臂挤压的风险（如有此部件）。

③ 拆卸/组装机械单元时，应提防掉落的物体。

④ 切勿将机器人当作梯子使用，一方面存在机器人损坏的风险，另一方面机器人电机可能产生高温或机器人可能发生漏油现象，会存在严重的滑倒风险。

⑤ 运行中或运行过后，机器人及控制器中存有热能，在触摸之前，务必用手在一定距离内感受可能会变热的组件，如果要拆卸发热的组件，应等到它冷却或者采用其他方式进行前处理。

（2）机器人系统电压相关的风险

① 维修故障、断开或连接各个单元时必须关闭机器人系统的主电源开关。

② 机器人的主电源连接方式必须保证操作人员可以在机器人的工作范围之外关闭整个机器人系统。

③ 当维修操作系统时，应确保没有其他人可以打开机器人系统的电源。

④ 需要注意控制器内部相关部件伴随有高压危险。

⑤ 需要注意机器人电机电源（高达 800V DC）、工具或系统其他部件的用户连接电源（最高 230V AC）伴有高压危险。

⑥ 需要注意即使机器人系统处于关机状态，工具、物料搬运装置等也存在带电风险。

⑦ 机器人中，用于存储平衡轴的电量可能在拆卸机器人或其部件时释放。

1.1.3　安全防范措施

为了确保作业人员及设备的安全，在作业区工作时，需要执行以下防范措施。

① 在机器人周围设置安全护栏，以防与已通电的机器人发生意外的接触。在安全护栏

的入口处安装一个"远离作业区"的警示牌。安全护栏的门必须加装可靠的安全锁。

②　工具应该放在安全护栏以外的合适区域。若由于疏忽把工具放在夹具上与机器人接触，则有可能发生机器人或夹具的损坏。

③　当给机器人安装工具时，务必先切断控制柜及所装工具上的电源并锁住其电源开关，同时要挂一个警示牌。

④　示教机器人前须先检查机器人运动是否正常、外部电缆绝缘保护罩是否损坏，如果发现问题，则应立即纠正，并确认其他准备工作均已完成。

⑤　示教器使用完毕后，务必挂回原位置。若示教器遗留在机器人上、系统台面上或地面上，机器人运行时会使机器人或装在其上的工具碰撞到它，因此可能引发人身伤害或设备损坏。

⑥　遇到紧急情况，应立即按示教器、控制器或控制面板上的急停按钮，使机器人停止运行。

1.2　工业机器人安全标识

安全标识是指使用招牌、颜色、照明标识、声信号等方式来表明存在信息或指示危险。

工业机器人系统上的标识（所有铭牌、说明、图标和标记）都与机器人系统的安全有关，不允许对其进行更改或去除。具体安全标识如表 1-1 所示。

表 1-1　工业机器人系统安全标识

图示	 PINCH POINT HAZARD 警告：夹点危险 移除护罩后禁止操作	图示	 SHARP BLADE HAZARD 警告：当心伤手 保持双手远离
标识	夹点危险	标识	烫手危险
图示	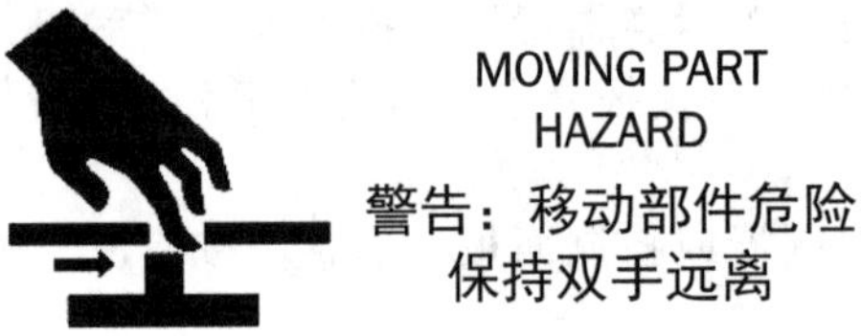 MOVING PART HAZARD 警告：移动部件危险 保持双手远离	图示	 ROTATING PART HAZARD 警告：旋转装置危险 保持远离，禁止触摸
标识	移动部件危险	标识	旋转装置危险
图示	 MUST BE LUBRICATED PERIODICALLY 注意：按要求定 期加注机油	图示	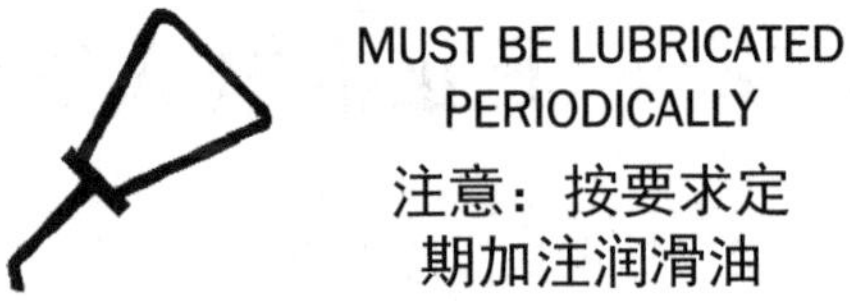 MUST BE LUBRICATED PERIODICALLY 注意：按要求定 期加注润滑油
标识	加注机油	标识	加注润滑油
图示	 MUST BE LUBRICATED PERIODICALLY 注意：按要求定 期加注润滑脂	图示	
标识	加注润滑脂	标识	禁止拆解警告
图示		图示	
标识	禁止踩踏警告	标识	防烫伤

思考与练习

1-1　填空题：

① 当电气设备起火时，使用（　　　）灭火器，切勿使用水或泡沫灭火。

② 作为防止发生危险的手段，操作工业机器人时需穿戴好（　　　）、（　　　）、（　　　）等防护措施。

1-2　判断题：

① 机器人运行中，严禁操作者离开现场，以确保发生问题及时处理。　　　　　　（　　　）

② 突然停电后，要在来电之前关闭机器人的主电源开关，并及时取下夹具上的工件。

　　　　　　　　　　　　　　　　　　　　　　　　　　　　　　　　　　（　　　）

③ 请使用触控笔或手指触碰示教器触摸屏，切勿使用尖锐物体（如笔尖、螺钉或螺丝刀）触碰，以免触摸屏受损。（　　）

④ 安装、维护人员在饮酒、服用药品或兴奋药物后，可以安装、维护、使用机器人。

（　　）

⑤ 维修故障、断开或连接各个单元时必须关闭机器人系统的主电源开关。（　　）

⑥ 工具应该放在安全护栏以外的合适区域。若由于疏忽把工具放在夹具上，与机器人接触则有可能发生机器人或夹具的损坏。（　　）

1-3　选择题：以下标识中，（　　）是旋转轴危险标识。

A. 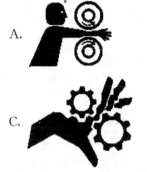　　　　B.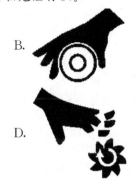

C.　　　　D.

1-4　简答题：安全操作机器人的使用环境是什么？

第 2 章

工业机器人认知

知识目标

① 了解工业机器人的性能指标、分类和坐标系。
② 掌握工业机器人的系统构成。
③ 熟悉搬运码垛工作站基本构成及应用。

能力目标

① 能识别各类型工业机器人。
② 能根据工业机器人常用性能指标进行工业机器人选型。
③ 能掌握工业机器人的机械结构与电气控制原理。
④ 能根据工作站构成识别搬运码垛工作站并了解各模块功能。

2.1 认识工业机器人

2.1.1 工业机器人发展史及我国现状

工业机器人是广泛用于工业领域的多关节机械手或多自由度的机器装置，具有一定的自动性，可依靠自身的动力能源和控制能力实现各种工业加工制造功能。工业机器人被广泛应用于电子、物流、化工等各个工业领域之中。

1959 年，约瑟夫·恩格尔贝格（Joseph F. Englberger）与乔治·德沃尔（George Devol）共同开发了世界上第一台工业机器人——Unimate，如图 2-1 所示，于 1961 年率先应用在通用汽车的生产车间里。其构造相对简单，只是捡拾汽车零件并放置到传送带上，对其他周边设施没有交互能力。Unimate 的应用虽然是简单的重复操作，但展示了工业机械化的美好前景，也为工业机器人的蓬勃发展拉开了序幕。

20 世纪 60 年代中期到 70 年代末，工业机器人变成产品以后，得到全世界的普遍应用，很多研究机构开始研究具有感知功能的机器人，包括瑞典的 ABB 公司、德国的 KUKA 机器人公司、日本的 FANUC 公司等，都在工业机器人方面有了很大作为。同时，机器人的应

图 2-1　世界首台数字化可编程工业机器人 Unimate

用在不断拓宽，它已经从工业上的一些应用，扩展到了服务行业、海洋空间和医疗等行业的应用。其中 1978 年由美国 Unimation 公司推出的 PUMA 系列机器人（图 2-2），为多关节、多 CPU 二级计算机控制，全电动，有专用 VAL 语言和视觉、力觉传感器，这标志着工业机器人技术已经完全成熟。PUMA 至今仍然工作在工厂第一线。

20 世纪 80 年代，机器人进入了普及期。随着制造业的发展，工业机器人在发达国家走向普及，并向高速、高精度、轻量化、成套系列化和智能化发展，以满足多品种、小批量生产的需要。

到了 20 世纪 90 年代，随着计算机技术、智能技术的发展，第二代具有一定感觉功能的机器人已经实用化并开始推广，具有视觉、触觉、高灵巧手指，能行走的第三代智能机器人相继出现并开始走向应用。比如，1999 年，日本索尼公司推出犬型机器人爱宝，如图 2-3 所示。

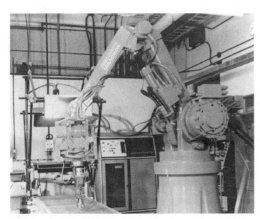

图 2-2　美国 Unimation 的 PUMA 工业机器人　　　　图 2-3　犬型机器人爱宝

2020 年，中国机器人产业营业收入首次突破 1000 亿元。"十三五"期间，工业机器人产量从 7.2 万套增长到 21.2 万套，年均增长 31％。从技术和产品上看，精密减速器、高性能伺服驱动系统、智能控制器、智能一体化关节等关键技术和部件加快突破，创新成果不断涌现，整机性能大幅提升，功能愈加丰富，产品质量日益优化。行业应用也在深入拓展，例如，工业机器人已在汽车、电子、冶金、轻工、石化、医药等 52 个行业大类、143 个行业中类中广泛应用。

《中国机器人产业发展报告（2022）》显示，2021 年，中国机器人产业营业收入超过

1300 亿元，工业机器人产量达 36.6 万台，比 2015 年增长了 10 倍，稳居全球第一大工业机器人市场。101 家专精特新"小巨人"企业加快成长壮大，工业机器人已在汽车、电子、机械等领域普遍应用，服务机器人、特种机器人在教育、医疗、物流等领域大显身手，不断孕育出新产业、新模式、新业态。

2023 年 2 月 1 日，中国机器人产业联盟公布最新统计的数据：2022 年 1~12 月全国规模以上工业企业的工业机器人累计完成产量 44.3 万套；2022 年 1~12 月全国规模以上工业企业的服务机器人累计完成产量 645.8 万套。

此外，2022 年 1~12 月我国工业机器人设备累计出口金额为 6.1 亿美元，累计进口金额为 20 亿美元，累计贸易逆差为 13.9 亿美元。

2.1.2 工业机器人关节机构

（1）工业机器人关节

在机器人机构中，两相邻连杆之间有一条公共的轴线，两连杆沿该轴线做相对移动或绕该轴线做相对转动运动，构成一个运动副，也称为关节。机器人关节的种类决定了机器人的运动自由度，移动关节、转动关节、球面关节和虎克铰关节是工业机器人机构中常使用的关节类型。

移动关节——用字母 P 表示，它允许两相邻连杆沿关节轴线做相对移动，这种关节具有 1 个自由度，如图 2-4(a) 所示。

转动关节——用字母 R 表示，它允许两相邻连杆绕关节轴线做相对转动，这种关节具有 1 个自由度，如图 2-4(b) 所示。

球面关节——用字母 S 表示，它允许两连杆之间有三个独立的相对转动，这种关节具有 3 个自由度，如图 2-4(c) 所示。

虎克铰关节——用字母 T 表示，它允许两连杆之间有两个相对转动，这种关节具有 2 个自由度，如图 2-4(d) 所示。

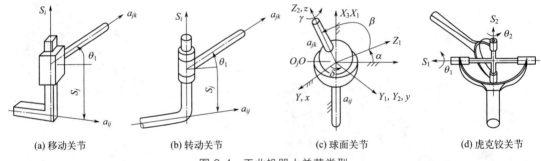

（a）移动关节　　　　（b）转动关节　　　　（c）球面关节　　　　（d）虎克铰关节

图 2-4　工业机器人关节类型

（2）工业机器人结构运动简图

工业机器人结构运动简图是指用结构与运动符号表示工业机器人手臂、手腕和手指等结构及结构间的运动形式的简易图形，如表 2-1 所示。利用结构简图，能够更好地分析和记录工业机器人的各种运动和运动组合，能简单、清晰地表明机器人的运动状态，有利于对工业机器人设计方案进行比较和选择。

表 2-1　工业机器人结构运动简图

序号	运动和结构机能	结构与参考运动方向符号	说明
1	移动 1		

序号	运动和结构机能	结构与参考运动方向符号	说明
2	移动 2		
3	回转机构 1		一般用于表示手腕部的旋转
4	回转机构 2		一般用于表示机身的旋转
5	摆动机构 1	(a) (b)	(a)绕摆动轴旋转，角度小于 360° (b)表示(a)的侧向图形符号
6	摆动机构 2	(a) (b)	(a)绕摆动轴 360°旋转 (b)表示(a)的侧向图形符号
7	夹持式手爪		
8	磁吸附手爪		
9	气吸附手爪		
10	行走机构		
11	底座固定		

2.1.3　工业机器人性能指标

　　工业机器人性能指标包括自由度（轴数）、工作空间、工作精度、最大单轴速度及合成速度、工作载荷等，下面分别进行介绍。

（1）工业机器人自由度（轴数）

　　自由度是指机器人所具有的独立坐标轴运动的数目，不包括末端执行器的开合自由度。自由度通常作为机器人的技术指标，反映机器人动作的灵活性。一般情况下，机器人的 1 个自由度对应 1 个关节，自由度越多，机器人就越灵活，结构也越复杂。

　　自由度可用轴的直线移动、回转或旋转动作的数目来表示，常见机器人自由度的数量如

表 2-2 所示。

表 2-2　常见机器人自由度数量

序号	工业机器人种类		自由度数量	移动关节数量	转动关节数量
1	直角坐标机器人		3	3	0
2	柱面坐标机器人		5	2	3
3	球（极）坐标机器人		5	1	4
4	多关节机器人	SCARA 型关节机器人	4	1	3
		六轴关节机器人	6	0	6
5	并联机器人		需要计算		

① 直角坐标机器人的自由度。直角坐标机器人的臂部有 3 个自由度，如图 2-5 所示。其移动关节各轴线相互垂直，可以使臂部沿 X、Y、Z 轴 3 个方向移动，构成支架坐标机器人的 3 个自由度。这种类型的机器人主要特点是结构简单、刚度大，关节运动相互独立，但操作灵活性差。

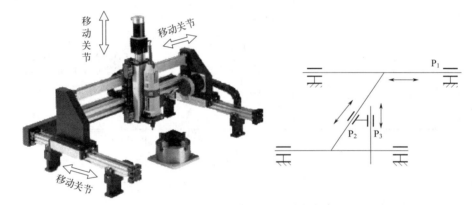

图 2-5　直角坐标机器人及其自由度

② 柱面坐标机器人的自由度。柱面坐标机器人有 5 个自由度，如图 2-6 所示。其臂部可

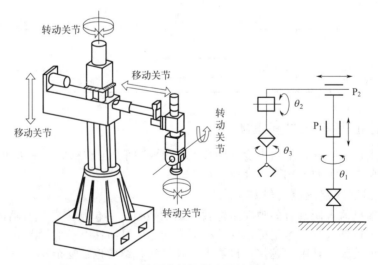

图 2-6　柱面坐标机器人及其自由度

沿自身轴线伸缩移动，也可绕机身垂直轴线回转，以及沿机身垂直轴线上下移动，构成 3 个自由度；另外，臂部和腕部、腕部和末端执行器之间各采用 1 个转动关节连接，构成 2 个自由度。

③ 球（极）坐标机器人的自由度。球（极）坐标机器人有 5 个自由度，如图 2-7 所示。其臂部可沿自身轴线伸缩移动，可绕机身垂直轴线回转，又可在垂直平面内上下摆动，构成 3 个自由度；另外，臂部和腕部、腕部和末端执行器之间各采用 1 个转动关节连接，构成 2 个自由度。这类机器人工作空间大、灵活性好。

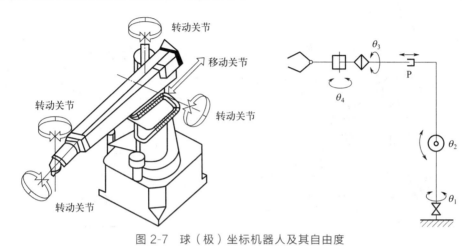

图 2-7　球（极）坐标机器人及其自由度

④ 关节机器人的自由度。

a. SCARA 型关节机器人是垂直串联关节机器人，该型机器人有 4 个自由度，如图 2-8 所示。其大臂与机身的关节和大小臂间的关节都为转动关节，构成 2 个自由度；另外，小臂和腕部的关节为移动关节，构成 1 个自由度；腕部和末端执行器之间的关节为转动关节，构成 1 个自由度。SCARA 机器人的特点是负载小、速度快，因此其主要应用在需要快速分拣、精密装配等的 3C 行业或食品行业等领域。例如 IC 产业的晶圆、面板搬运、电路板运送、电子元件的插入组装中都可以看到 SCARA 机器人的踪迹。国外厂商包含 EPSON、IAI、DENSO 等。国内厂商则有台达、东佑达、上银科技。

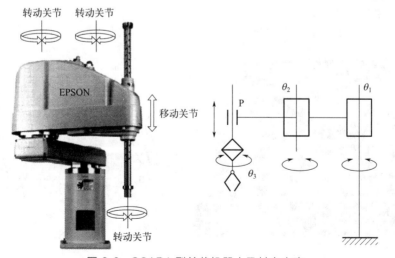

图 2-8　SCARA 型关节机器人及其自由度

b. 六轴关节机器人是典型的垂直串联关节机器人，该型机器人有 6 个自由度，由关节和连杆依次串联而成，而每一关节都由一台伺服电机驱动，如图 2-9 所示。其机身与机座的腰关节、大臂与机身的肩关节、大小臂之间的肘关节，以及小臂、腕部和末端执行器三者间的 3 个腕关节，都是转动关节，共 6 个关节构成 6 个自由度。这类机器人有相当高的自由度，适用于任何轨迹或角度的工作。其具有三维运动的特性，可做到高阶非线性运动，是目前应用最广泛的自动化机械装置，常用于汽车制造、汽车零部件与电子相关产业。

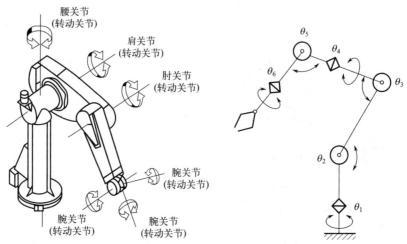

图 2-9　六轴关节机器人及其自由度

⑤ 并联机器人的自由度。并联机器人（parallel mechanism，简称 PM）亦称为 DELTA 机器人，有 2 个或 2 个以上自由度，可以定义为动平台和定平台通过至少两个独立的运动链相连接，以并联方式驱动的一种闭环机构。如图 2-10 所示，由 Gough-Stewart 并联机构构成的机器人是典型的并联机器人。并联机器人的自由度是通过如下公式计算得到的。

$$F = 6(l - n + 1) + \sum_{i=1}^{n} f_i$$

式中　　F——机器人自由度数；

l——机构连杆数；

n——机构的关节总数；

f_i——第 i 个关节的自由度数。

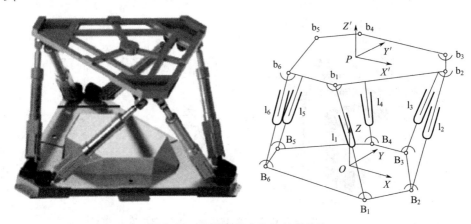

图 2-10　并联机器人及其并联机构

并联机器人的特点为无累积误差、精度较高；驱动装置可置于定平台上或接近定平台的位置，这样运动部分重量轻、速度高、动态响应好；结构紧凑，刚度高，承载能力大；完全对称的并联机构具有较好的各向同性；工作空间较小。根据这些特点，并联机器人主要应用于高速取放、筛选作业中，比如食品业、电子检料、制药、包装等用途。一般情况下，一个并联机器人可以替代 4～6 个人工，帮助用户有效提高生产效率，降低生产成本。

（2）工作空间

工作空间是机器人在工作时，手臂末端或手腕中心所能掠过的空间，也称为工作区域。不包括末端执行器和工件运动时所能掠过的空间。工作空间的形状和大小是十分重要的，机器人在进行某一个作业的时候，可能会因为存在手部不能到达的作业死区而不能完成任务。

（3）工作精度

工业机器人工作精度的两个指标是绝对定位精度和重复定位精度。绝对定位精度指示教值与实际值的偏差；重复定位精度指机器人往复多次到达一个点的位置偏差。

通常情况下，重复定位精度比绝对定位精度要高得多。重复定位精度取决于机器人关节减速机构及传动装置的精度。绝对精度取决于机器人算法。不论是机器人点到点的工作，还是焊接或涂胶等的工作轨迹都可以用重复精度来判断机器人的工作质量。

（4）最大单轴速度及合成速度

最大单轴速度是指单个关节轴运动时，机器人手腕参考点所能达到的最大速度 [通常用 $(°)/s$ 表示]；而最大合成速度是指在各关节轴联动情况下，机器人手腕参考点所能达到的最大速度。

一般不同的机器人生产厂家，其所指的最大速度也不同，有的厂家指工业机器人主要自由度上最大的稳定速度，有的厂家指手腕参考点最大的合成速度，对此通常都会在技术参数中加以说明。最大工作速度愈高，其工作效率就愈高。

（5）工作载荷

承载能力是指机器人在作业范围内的任何位姿上所能承受的最大质量，包括末端执行器、附件、工件的惯性作用力。所以承载能力不仅取决于负载的质量，而且与机器人运行的速度和加速度的大小和方向有关。

根据承载能力不同，工业机器人大致分为：

① 微型机器人——承载能力为 10N 以下；

② 小型机器人——承载能力为 10～50N；

③ 中型机器人——承载能力为 50～300N；

④ 大型机器人——承载能力为 300～500N；

⑤ 重型机器人——承载能力为 500N 以上。

（6）典型工业机器人技术参数示例

表 2-3　工业机器人技术参数

机械结构	多关节型机器人
自由度数（轴数）	6
工作载荷	3kg
重复定位精度	±0.02mm
本体质量	27kg
最大臂展	593mm

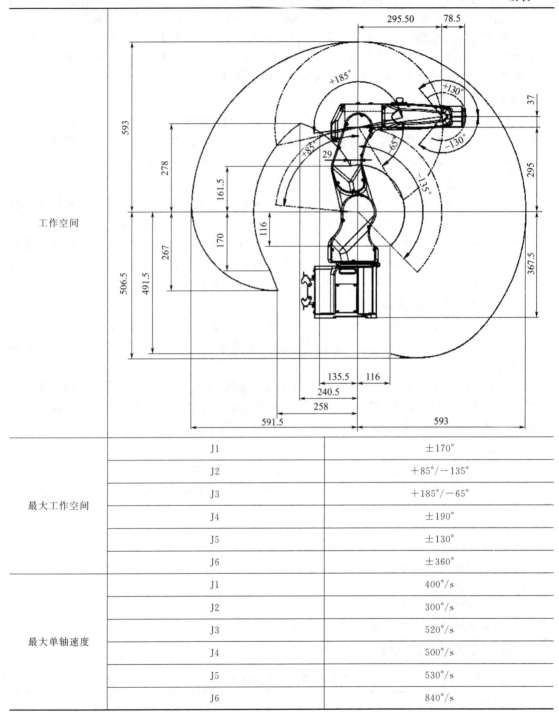

工作空间		
最大工作空间	J1	±170°
	J2	+85°/−135°
	J3	+185°/−65°
	J4	±190°
	J5	±130°
	J6	±360°
最大单轴速度	J1	400°/s
	J2	300°/s
	J3	520°/s
	J4	500°/s
	J5	530°/s
	J6	840°/s

2.1.4　工业机器人分类

对于机器人的分类，国际上没有制定统一的标准。从不同的角度，工业机器人会有不同的分类方法。本节分别从机器人的机械结构、控制方式、驱动方式和应用领域四个角度来介绍其分类方法。

（1）按机械结构划分

机器人的结构形式多种多样，典型机器人的运动特征用其坐标特性来描述。按机械结构来分，工业机器人通常可以分为直角坐标机器人、柱面坐标机器人、球坐标机器人、多关节机器人、并联机器人、双臂机器人、AGV 移动机器人等，其中直角坐标机器人、柱面坐标机器人、球坐标机器人、多关节机器人和并联机器人具体说明详见 2.1.3 节。

双臂机器人（图 2-11）是一种典型的仿生机器人，和传统的单臂机器人相比具有更好的作业能力，能更好地完成拟人化作业。双臂机器人具备高效、稳定、经济等优势，可广泛应用于农业、能源、医疗、工业、教育等领域，提供智能化、数字化、无人化、平台化服务，代替人工作业，提高效率，降低成本。

AGV（automated guided vehicle，简称 AGV）移动机器人（图 2-12）主要功用集中在自动物流转运，可通过特殊地标导航，自动将物品运输至指定地点。最常见的导航方式为磁条导航、激光导航、磁钉导航、惯性导航。特点是自动化程度高、易维护、灵活、占地面积小、调度能力强。适用于制造业、特种行业、餐饮服务业、食品医药业等行业。

图 2-11　双臂机器人　　　　　　　　　图 2-12　AGV 移动机器人

（2）按控制方式划分

按照机器人的控制方式可把机器人分为非伺服控制机器人和伺服控制机器人两种。

非伺服控制机器人工作能力比较有限，机器人按照预先编好的程序顺序进行工作，使用限位开关、制动器、插销板和定序器来控制机器人的运动。插销板用于预先规定非伺服控制机器人的工作顺序。定序器是一种定序开关或步进装置，能够按照预定的工作顺序接通驱动装置的能源。非伺服控制机器人的工作原理如图 2-13 所示，驱动装置接通能源后，带动机器人的手臂、腕部和手部等装置运动，当它们移动到由限位开关所规定的位置时，限位开关切换工作状态，给定序器送去一个工作任务已完成的信息，并通过终端制动器动作来切断驱动能源，使机器人停止运动。

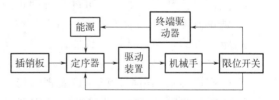

图 2-13　非伺服控制机器人方块图

伺服控制机器人有更强的工作能力，价格更贵，在某些情况下不如简单的机器人可靠。伺服系统的被控制量可以是机器人手部执行装置的位置、速度、加速度和力等。其工作原理如图 2-14 所示，将传感器取得的反馈信号与来自给定装置的指令信号用比较器进行比较，得到误差信号，经过放大后激发机器人的驱动装置，然后带动末端执行器以一定的规律运动，进而使末端执行器到达规定的位置和速度等，这是一个反馈控制系统。

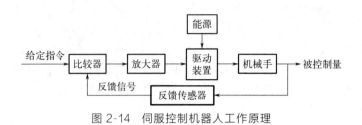

图 2-14 伺服控制机器人工作原理

（3）按驱动方式划分

工业机器人的驱动系统，按动力源可以划分为气压驱动、液压驱动、电力驱动和新型驱动四种类型。

① 气压驱动机器人。气压驱动机器人通过压缩空气驱动执行机构运动，具有速度快、系统结构简单、维修方便、价格低等特点，适用于中、小负荷的机器人，但因难以实现伺服控制，多用于程序控制的机器人中，如在上、下料和冲压机器人中应用较多。

② 液压驱动机器人。液压驱动机器人通过使用液压油驱动执行机构运动，具有动力大、力（或力矩）与惯量比大、快速响应、易于实现直接驱动等特点。适合在承载能力大、惯量大的环境中使用。但该类型机器人对密封的要求较高，且不宜在高温或低温的场合工作，要求的制造精度较高，成本较高，而且液压系统的液体泄漏会对环境产生污染，工作噪声也较高。因为这些弱点，近年来，液压驱动系统在负荷为 100kN 以下的机器人中往往被电力驱动系统所取代。

③ 电力驱动机器人。电力驱动机器人利用电机产生力矩驱动执行机构运动，具有无污染、易于控制、运动精度高、成本低、驱动效率高等优点，其应用最广泛。

④ 新型驱动机器人。伴随着机器人技术大发展，出现了利用新的工作原理制造的新型驱动器，如静电驱动器、压电驱动器、形状记忆合金驱动器、人工肌肉及光驱动器等。

（4）按应用领域划分

机器人按照应用领域划分，常见的有搬运机器人、码垛机器人、涂装机器人、焊接机器人、装配机器人等。

① 搬运机器人。搬运机器人（图 2-15）是可以进行自动搬运作业的工业机器人，搬运时其末端执行器夹持工件，将工件从一个加工位置移动至另一个加工位置。搬运机器人可安装不同的末端执行器以完成各种不同形状和状态的工件搬运工作，大大减轻了人类繁重的体力劳动。其特点如下：

a. 能部分代替人工操作，可进行长期重载作业，效率高；

b. 能够在有毒、辐射等危险环境下工作，改善劳动条件；

c. 定位准确，保证批量一致性；

d. 动作稳定，搬运准确性较高；

e. 生产柔性高、适应性强、可实现多形状不规则物料搬运；

f. 降低制造成本，提高生产效益，实现工业自动化生产。

② 码垛机器人。码垛机器人（图 2-16）就是能把货物按照一定的摆放顺序与层次整齐地堆叠好的机器人，是继人工和码垛机后出现的智能化码垛作业设备，可使运输工业加快码垛效率，提升物流速度，获得整齐统一的码垛，减少物料破损和浪费。其特点如下：

a. 占地面积小，工作范围大，减少资源浪费；

b. 提高生产效率，避免工人繁重的体力劳动；

c. 柔性高、适应性强，可对不同物料码垛；

d. 能耗低，降低运行成本；

e. 改善工人劳动条件，避免有毒、有害的环境；

f. 定位准确，稳定性高。

图 2-15　搬运机器人

图 2-16　码垛机器人

③ 涂装机器人。涂装机器人（图 2-17）是一种自动喷漆或喷涂其他涂料的工业机器人。作为一种典型的涂装自动化装备，涂装机器人与传统的机械涂装相比，具有以下优点：

a. 显著提高涂料的利用率，降低涂装过程中的 VOC 排放量；

b. 设备利用率高，喷涂机器人利用率可达 90%～95%；

c. 能够精确保证喷涂工艺一致性，获得更高质量的产品；

d. 显著提高喷枪运动速度，缩短生产周期、提高效率；

e. 易操作和维护，可离线编程，大大缩短现场调试时间；

f. 柔性大，可实现多品种产品的混线生产。

图 2-17　涂装机器人

④ 焊接机器人。焊接机器人是从事焊接的工业机器人，是在工业机器人的末端法兰上装接焊钳或焊（割）枪，使之能进行焊接、切割或热喷涂。随着电子技术、计算机技术、数控及机器人技术的发展，自动焊接机器人从 20 世纪 60 年代开始用于生产以来，其技术已日益成熟，主要有以下优点：

a. 稳定和提高焊接质量，能将焊接质量以数值的形式反映出来；

b. 提高劳动生产率；

c. 改善工人劳动强度，可在有害环境下工作；

d. 降低了对工人操作技术的要求；

e. 缩短了产品改型换代的准备周期，减少相应的设备投资。

世界各国生产的焊接用机器人基本上都属关节型机器人，绝大部分有 6 个轴。目前焊接机器人应用中比较普遍的主要有三种：点焊机器人、弧焊机器人和激光焊接机器人。

点焊机器人（图 2-18）是用于点焊自动作业的工业机器人，其末端持握的作业工具是焊钳。

弧焊机器人（图2-19）是用于弧焊（主要有熔化极气体保护焊和非熔化极气体保护焊）自动作业的工业机器人，其末端持握的工具是焊枪。

激光焊接机器人（图2-20）是用于激光焊自动作业的工业机器人，通过高精度工业机器人实现更加柔性的激光加工作业，其末端持握的工具是激光加工头。

⑤ 装配机器人。装配机器人（图2-21）是工业生产中用于装配生产线上对零件或部件进行装配的一类工业机器人。作为柔性自动化装配的核心设备，装配机器人的主要优点如下：

a. 操作速度快，加速性能好，缩短工作循环时间；

b. 精度高，具有极高的重复定位精度，保证装配精度；

c. 改善工人劳作条件，摆脱有毒、有辐射的装配环境；

d. 提高生产效率，解放单一、繁重的体力劳动；

e. 可靠性好、适应性强、稳定性高。

图2-18　点焊机器人

图2-19　弧焊机器人

图2-20　激光焊接机器人

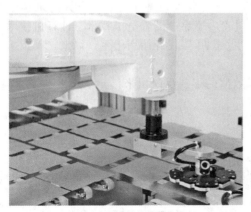

(a) 装配机器人拾放超薄硅片

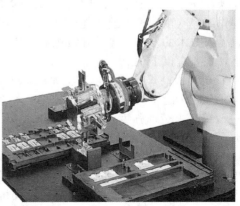

(b) 装配机器人组装读卡器

图2-21　装配机器人

2.1.5 工业机器人坐标系

坐标系是在机器人或其他空间设置的位置指标系统，以确定机器人的位置和姿势。工业机器人的坐标系主要有六种：大地坐标系（world coordinate system）、基坐标系（base coordinate system）、关节坐标系（joint coordinate system）、工具坐标系（tool coordinate system）、工件坐标系（work object coordinate system）和用户坐标系（user coordinate system），如图 2-22 所示。

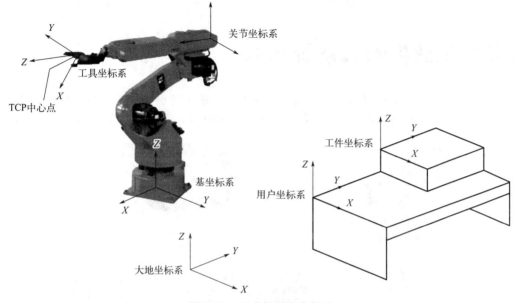

图 2-22 工业机器人坐标系

（1）大地坐标系

大地坐标系也称为世界坐标系，是直角坐标，把大地作为参考平面。大地坐标系可以让两个或两个以上机器人定位到车间里的同一个位置点，在它们协同工作时（比如一个机器人抓取，另一个机器人焊接），使用大地坐标系会特别方便。在默认情况下，大地坐标系与基坐标系是一致的。

（2）基坐标系

基坐标系是以机器人的底面作为参考平面，是机器人示教与编程时经常使用的坐标系之一。它的位置没有硬性的规定，一般定义在机器人安装面与第一转动轴的交点处。当机器人回到原点时，观察者面向机器人的正前方，垂直地面向上的方向为 Z 轴正方向，水平向右的方向为 Y 轴正方向，从机器人指向观察者的方向为 X 轴正方向。

（3）关节坐标系

关节坐标系是参照关节轴的坐标系，其原点设置在机器人关节中心点处。每个关节坐标是相对于前一个关节坐标或其他某坐标系来定义的，反映了该关节处每个轴相对该关节坐标系原点位置的绝对角度。

（4）工具坐标系

工具坐标系用于确定工具的位置，是原点安装在机器人末端的工具中心点（tool center point，TCP）处的坐标系，原点及方向都是随着末端位置与角度不断变化的。该坐标系实际是将基坐标系通过旋转及位移变化而来的。在使用时，必须提前设置工具坐标系，默认工具坐标系原点即为法兰盘中心点。

（5）工件坐标系

工件坐标系用于确定工件的位置，是用户自定义的坐标系。用户坐标系也可以定义为工件坐标系，可根据需要定义多个工件坐标系，当配备多个工作台时，选择工件坐标系操作更为简单。

（6）用户坐标系

用户坐标系是用户定制每个工作空间的直角坐标系，可用于表示固定装置、工作台等设备。在指定的用户坐标系下，机器人示教编程时记录的点都是以用户坐标系来计算的。

2.2 工业机器人系统构成

工业机器人是一种可以模拟人的手臂、手腕及其功能的机电一体化装置。从体系结构来看，一台通用的工业机器人，可分为机器人本体、控制柜和示教器三大部分，如图 2-23 所示。

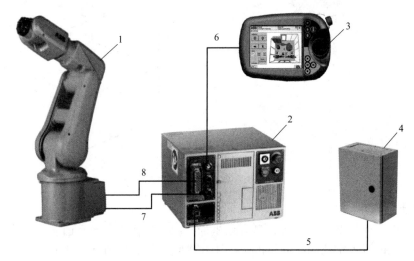

图 2-23 工业机器人基本组成

1—工业机器人本体；2—控制柜；3—示教器；4—配电箱；5—电源电缆；6—示教器电缆；
7—编码器电缆；8—动力电缆

（1）工业机器人本体

工业机器人本体是工业机器人的支承基础，也是工业机器人完成作业任务的执行机构。机器人从机构学的角度可以分为串联机器人和并联机器人两大类。

① 串联机器人。串联机器人以开环机构为机器人机构原型，是一种开式运动链机器人。它是由一系列连杆通过转动关节或移动关节串联形成的，采用驱动器驱动各个关节的运动，从而带动连杆的相对运动，使末端焊枪达到合适的位姿。例如，常用的六轴关节机器人和 SCARA 机器人均是串联机器人。

② 并联机器人。并联机器人是由一个或几个闭环组成的关节点坐标相互关联的机器人，是指动平台和定平台通过至少两个独立的运动链相连接，机构具有 2 个或者 2 个以上的自由度，以并联方式驱动的一种闭环的机器人。

（2）示教器

示教器又称示教盒，作为机器人的人机交互接口，是完成工业机器人的手动操作、程序编写、参数配置及监控的一种手持装置。

（3）控制柜

控制柜是工业机器人的指挥中枢，通过驱动器驱动执行机构的各个关节按所需的顺序、沿确定的位置或轨迹运动，完成特定的作业。

从细分领域看，工业机器人主要由机械结构系统、控制系统、驱动系统、机器人本体感知系统、外界环境感知系统和人机交互系统等六个子系统构成，如图 2-24 所示。

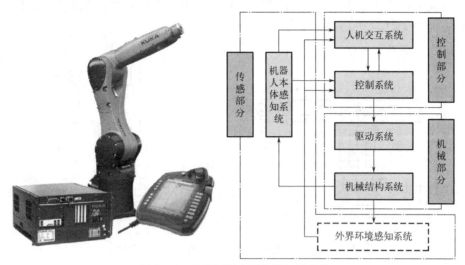

图 2-24 工业机器人系统框架示意图

2.2.1 工业机器人机械结构

工业机器人的机械结构由机身、臂部、腕部、手部（末端执行器）四部分组成，如图 2-25 所示。

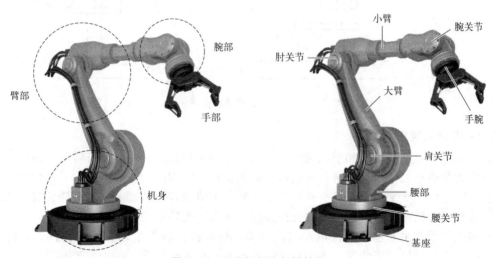

图 2-25 工业机器人机械结构

（1）机器人机身结构

工业机器人必须有一个便于安装的基础件基座。基座往往与机身做成一体。工业机器人机身是直接连接、支承和传动手臂及行走机构的部件，与臂部相连，且支承臂部，臂部又支承腕部和手部。实现臂部各种运动的驱动装置和传动件一般都安装在机身上。臂部的运动越多，机身的受力越复杂。

机身的安装方式有两种：固定式和行走式。固定式机身直接连接在地面基座上，行走式机身则安装在移动机构上。

常见的机身结构包括回转与升降型机身和回转与俯仰型机身。回转与升降型机身结构主要由实现臂部的回转和升降运动的机构组成，如图 2-26 所示。回转与俯仰型机身结构主要由实现手臂左右回转和上下俯仰运动的部件组成，它用手臂的俯仰运动部件代替手臂的升降运动部件，如图 2-27 所示。

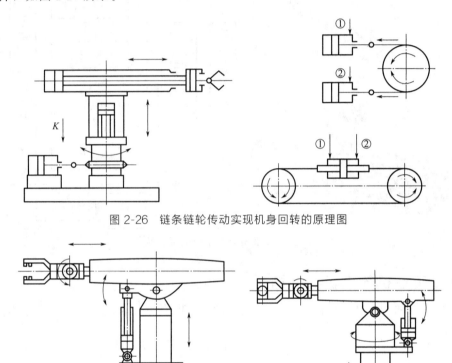

图 2-26　链条链轮传动实现机身回转的原理图

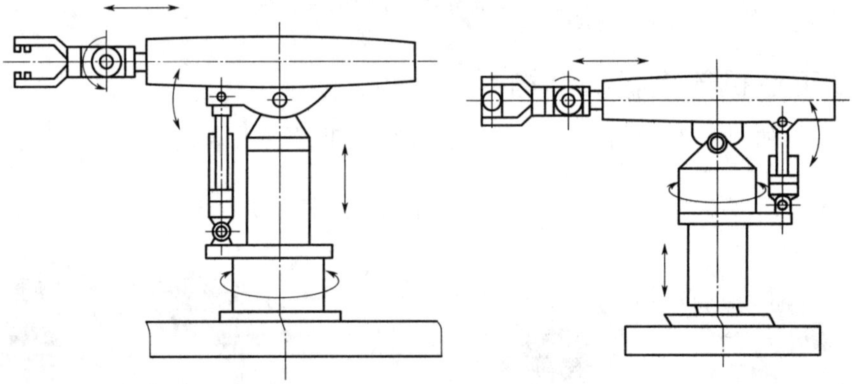

图 2-27　手臂俯仰驱动缸安置示意图

（2）机器人臂部结构

机器人手臂是连接机身和手腕的部件，它的主要作用是确定末端执行器的空间位置，满足机器人的作业空间要求，并将各种载荷传递到机座。它本质上是一个拟人手臂的空间开链式机构，一端固定在基座上，另一端可自由运动。关节通常是移动关节和旋转关节，移动关节允许连杆做直线移动，旋转关节仅允许连杆之间发生旋转运动。

机器人的手臂主要包括臂杆以及与其伸缩、屈伸或自转等运动有关的构件，如传动机构、驱动装置、导向定位装置、支承连接装置和位置检测元件等。

① 手臂直线运动机构。机器人手臂的伸缩、升降及横向（或纵向）移动均属于直线运动，而实现手臂往复直线运动的活塞和连杆等机构形式较多，如图 2-28 所示。

② 臂部俯仰机构。机器人手臂的俯仰运动一般采用活塞（气）缸与连杆机构联用来实现，如图 2-29 所示。

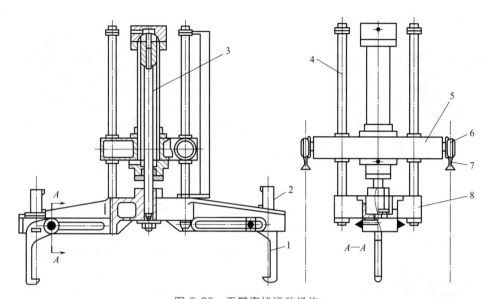

图 2-28　手臂直线运动机构

1—手部；2—夹紧缸；3—油缸；4—导向柱；5—运行架；6—行走车轮；

7—导轨；8—支座

③ 臂部回转与升降机构。手臂回转与升降机构常采用回转缸与升降缸单独驱动，适用于升降行程短而回转角度小于 360° 的情况，也有采用升降缸与气动马达-锥齿轮传动的结构。

（3）机器人腕部结构

腕部是连接手臂和手部的结构部件。它的主要作用是确定手部的作业方向，因此它具有独立的自由度，以满足机器人手部完成复杂的姿态调整。

确定手部的作业方向，一般需要 3 个自由度，这三个回转方向分别为：

臂转：指腕部绕小臂轴线方向的旋转，也称作腕部旋转；

腕摆：指手部绕垂直小臂轴线方向进行旋转，腕摆分为俯仰和偏转，其中同时具有俯仰和偏转运动的称作双腕摆；

手转：指手部绕自身的轴线方向旋转。

腕部的结构多为上述三个回转方式的组合，组合的方式可以有多种，常用的腕部组合方式有臂转-腕摆-手转结构、臂转-双腕摆-手转结构等（图 2-30）。

（4）机器人手部结构

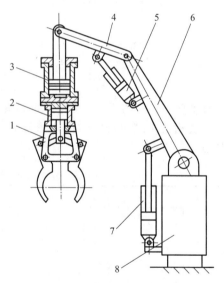

图 2-29　铰接活塞缸实现手臂俯仰
运动结构示意图

1—手部；2—夹紧缸；3—升降缸；4—小臂；

5,7—摆动气缸；6—大臂；8—立柱

机器人手部也称为末端执行器，是直接装在工业机器人的手腕上用于夹持工件或让工具按照规定的程序完成指定工作的部件。其特点如下：

① 一个机器人有多个末端执行器或工具，和腕部相连处可以拆卸；

② 末端执行器形态各异，可以是手指或无手指，也可以是手爪或作业工具；

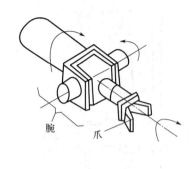

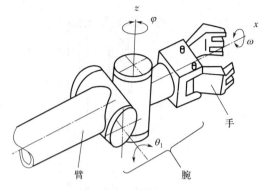

(a) 臂转-腕摆-手转结构　　　　　(b) 臂转-双腕摆-手转结构

图 2-30　腕部关节配置图

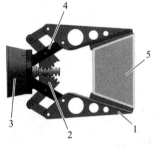

图 2-31　夹钳式末端执行器

1—手指；2—传动机构；3—驱动装置；
4—支架；5—工件

③ 一种工具往往只能执行一种作业任务，所以通用性差；

④ 手部是工业机器人机械系统的三大部件之一，所以是一个独立的部件。

由于工业机器人工作范围非常广泛，末端执行器很难做到标准化，因此在实际应用中，末端执行器一般都是根据实际需要进行定制。常用的有以下几种：

① 夹钳式末端执行器。夹钳式末端执行器（图 2-31）通常也称为夹钳式取料手，是工业机器人最常用的一种末端执行器形式，在装配流水线上用得较为广泛。它一般由手指（手爪）、驱动机构、传动机构、连接与支承元件组成，工作原理类似于常用的手钳。夹钳式末端执行器能用手爪的开闭动作实现对物体的夹持。

夹钳式末端执行器的指端形状分为：V 形指、平面指、尖指和特形指。各指端形状和特点如表 2-4 所示。

表 2-4　夹钳式末端执行器指端形状

序号	名称		结构	特点
1	V 形指	固定 V 形		适用于夹持圆柱形工件，特点是夹紧平稳可靠、夹持误差小
		滚珠 V 形		可快速夹持旋转中圆柱形工件
		自定位式 V 形		有自定位能力，与工件接触好，浮动件设计应具有自锁性

续表

序号	名称	结构	特点
2	平面指		一般用于夹持方形工件
3	尖指与长指		一般用于夹持小型或柔性工件
4	特形指		一般用于夹持形状不规则的工件

　　根据机器人夹取工件的不同形状，末端执行器夹持部分选择不同的指面形式，包括光滑指面、齿形指面和柔性指面。光滑指面平整光滑，用来夹持已加工表面，避免已加工表面受损；齿形指面刻有齿纹可增加夹持工件的摩擦力，多用来夹持表面粗糙的毛坯或半成品；柔性指面内镶橡胶、泡沫、石棉等物，一般用于夹持已加工表面、炽热件，也适用于夹持薄壁件和脆性工件。

　　② 吸附式末端执行器。吸附式末端执行器靠吸附力取料，适用于大平面、易碎（玻璃、磁盘）、微小的物体，因此使用面较广。根据吸附力的不同，吸附式末端执行器可分为气吸附和磁吸附两种，如表 2-5 所示。气吸附主要是真空式吸盘，根据形成真空的原理可分为真空吸盘、流负压吸盘和挤气负压吸盘三种。磁吸附主要是磁力吸盘，有电磁吸盘和永磁吸盘两种。

表 2-5　吸附式末端执行器工作原理及特点

名称	气吸附	磁吸附
工作原理	利用轻性塑胶或塑料制成的皮碗通过抽空与物体接触平面密封型腔的空气而产生的负压真空吸力来抓取和搬运物体	利用永久磁铁或电磁铁通电后产生的磁力来吸附工件，其应用比较广泛，不会破坏被吸件表面质量
特点	与夹钳式末端执行器相比，结构简单、重量轻、吸附力分布均匀，对于薄片状物体的搬运更具有优越性	优点是有较大的单位面积吸力，对工件表面粗糙度及通孔、沟槽等无特殊要求；缺点是被吸工件存在剩磁，吸附头上常吸附磁性屑（如铁屑），影响正常工作
适用场合	广泛应用于非金属材料或不可剩磁的材料的吸附，但要求物体表面较平整光滑、无孔、无凹槽	只能对铁磁物体起作用，另外，对于某些不允许有剩磁的零件要禁止使用。所以，磁吸附式取料手的使用有一定的局限性

　　③ 专用末端执行器。工业机器人是一种通用性很强的自动化设备，能根据作业要求完成各种动作，如果配上各种专用的末端执行器，就能完成各种不同的工作。例如，在通用机器人上安装夹具就能进行搬运或码垛，安装焊枪就成为一台焊接机器人，安装喷头则成为一台喷涂机器人。

目前有许多专用电动、气动工具改型而成的末端执行器，如图 2-32 所示，有拧螺母机、焊枪、电磨头、电铣头、抛光头、激光切割机等。这些专用末端执行器形成系列供用户选用，使机器人胜任各种工作。

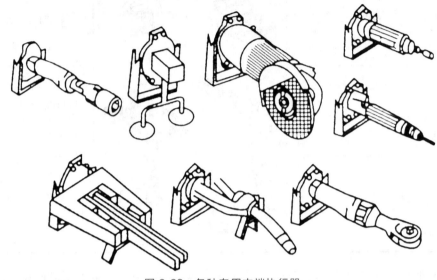

图 2-32　各种专用末端执行器

④ 工具快换装置。工具快换装置在一些重要的应用中能够为工具提供备份，有效避免意外事件。相对于人工需数小时更换工具，工具快换装置自动更换备用工具能够在数秒内就完成。

⑤ 仿生多指灵巧手。目前，大部分工业机器人的末端执行器只有两个手指，而且手指上一般没有关节，无法夹持和操作复杂形状的物体。而仿生多指灵巧手能像人手一样进行各种复杂的作业，如装配作业。仿生多指灵巧手有两种，一种叫柔性手，一种叫多指灵巧手。

a. 柔性手。手指传动部分由牵引钢丝绳及摩擦滚轮组成，每个手指由两根钢丝绳牵引，一侧为握紧，另一侧为放松，如图 2-33 所示。

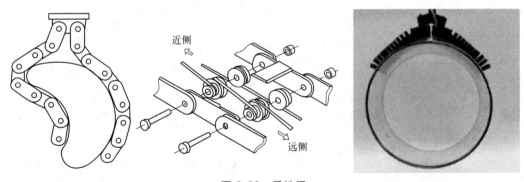

图 2-33　柔性手

b. 多指灵巧手。手指传动部分由牵引钢丝绳及摩擦滚轮组成，每个手指由两根钢丝绳牵引，一侧为握紧，另一侧为放松。多指灵巧手有多个手指，每个手指有 3 个回转关节，每一个关节的自由度都是独立控制的。因此，几乎人手指能完成的各种复杂动作它都能模仿，诸如拧螺钉、弹钢琴、做礼仪手势等动作，如图 2-34 所示。

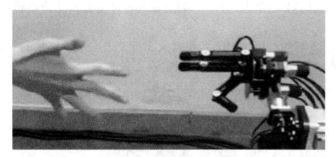

图 2-34　多指灵巧手

2.2.2　工业机器人传感器及其应用

由于机器人的应用范围越来越广，对其在各种环境的适应能力、定位和控制能力要求越来越高，并要求其具有更高的智能，所以机器人传感器的应用越来越多。

工业机器人的控制系统相当于人类大脑，执行机构相当于人类四肢，传感器相当于人类的五官。工业机器人中的传感器是检测或测量特定参数并触发对它们的相应反应的设备。传感器在视觉、力觉、触觉上使用广泛，听觉也有较大进展。通过传感器的感觉作用，可将机器人自身的相关特性或相关物体的特性转化为机器人执行某项功能时所需要的信息。传感器根据用途可分为内部传感器和外部传感器。

（1）内部传感器

内部传感器如位置传感器、速度传感器、加速度传感器、电机扭矩传感器等获取工业机器人本身的信息，安装在机器人本体上，是为了检测机器人本体内部状态（如手臂间角度），控制机器人在规定的位置、轨迹、速度、加速度和受力状态下工作，在伺服控制系统中作为反馈信号。

① 位置传感器。位置传感器（图 2-35）能感受被测物体的位置并转换成可用输出信号的传感器。常见的有电阻式、电容式、电感式位移传感器，编码式位移传感器，霍尔元件位移传感器，光栅式位移传感器等。它可以检测机器人各关节的位置，提供位置控制信息。

② 速度传感器。速度传感器（图 2-36）是工业机器人中较重要的内部传感器之一。由于在机器人中主要需测量的是机器人关节的运行速度，故主要使用角速度传感器。除前述的光电编码器外，测速发电机也是广泛使用的角速度传感器。

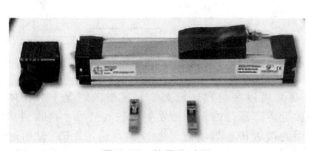

图 2-35　位置传感器　　　　　　　　　　　图 2-36　速度传感器

③ 加速度传感器。加速度传感器（图 2-37）是通过静力和动力来测量加速度和倾斜度的装置。通过对这两个力的测量，机器人可以确定移动物体所需要的加速度，并且确定机器

人的平衡情况。比如通过静力测量工业机器人倾斜了多少；通过加速度计测量动态力会传输给机器人，从而控制其移动的速度。

④ 扭矩传感器。扭矩传感器（图 2-38）可以识别工业机器人手臂及末端工具施加的力，为工业机器人提供了触觉。一般工业机器人的扭矩传感器会安装在工业机器人和工具之间，以监控机器人施加在工具上的力，实现碰撞停止、拖动示教和力控打磨的功能。

图 2-37　加速度传感器

图 2-38　扭矩传感器

（2）外部传感器

外部传感器如相机、距离传感器、接近传感器和力觉传感器等收集周围环境中的信息（如是什么物体、离物体的距离有多远等）及状态特征（如抓取的物体是否滑落、焊接中焊接对象的焊缝状态和空间位置），检测作业对象及环境与机器人的联系，使工业机器人对环境进行自校正和自适应，从而更精确地执行任务。其应用体现在：对被测量定向和定位、目标分类和识别、控制操作、检查产品质量、抓取物体、适应环境变化、修改程序等。

① 视觉传感器。视觉传感器（图 2-39）就像工业机器人的眼睛，在工业机器人工作时，通过视觉传感器获取环境物体信息、识别物体、检测物体位置，让工业机器人获取目标位置。视觉一般包括三个过程：图像获取、图像处理和图像理解。视觉传感系统原理如图 2-40 所示。

图 2-39　视觉传感器

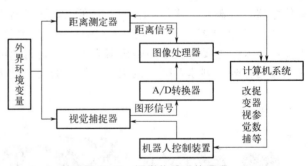

图 2-40　视觉传感系统原理

② 接近传感器。接近传感器（图 2-41）可以在与物体没有物理接触的情况下对物体进行检测，工作方式也比较简单。常见的接近传感器是由发射器发射电磁波信号，接收器接收并分析物体返回的信号。工业机器人常用的接近传感器有红外收发器，通过 LED 发射红外光束，如果发现障碍物，则光线被反射回来，并被红外接收器捕获，进而检测附近物体的存在。

③ 力觉传感器。机器人力觉传感器（图 2-42）就安装部位来说，可以分为关节力传感器、腕力传感器和指力传感器。装在关节驱动器上的力传感器称为关节力传感器，用于控制

中力的反馈。装在末端执行器和机器人最后一个关节之间的力传感器，称为腕力传感器。装在机器人手爪关节（或手指上）的力传感器，称为指力传感器。

图 2-41　接近传感器

图 2-42　力觉传感器

　　传感器是如何工作的呢？例如，安全传感器将检测障碍物，向控制器发送信号，控制器反过来减慢或停止工业机器人以避免碰撞。本质上，传感器始终与控制器一起工作。其中激光传感器、视觉传感器和力觉传感器在工业机器人系统中广泛应用。利用激光传感器和视觉传感器进行焊缝自动跟踪以及自动化生产线上物体的自动定位，利用视觉系统和力觉系统进行精密装配作业等，提高了机器人作业性能和对环境的适应性。

2.2.3　工业机器人控制与驱动系统

（1）工业机器人控制系统

　　工业机器人控制系统是机器人重要组成部分之一，根据机器人的作业指令程序以及从传感器反馈回来的信号，支配机器人的执行机构去完成规定的运动和功能。整个机器人系统的性能主要取决于控制系统的性能。一个良好的控制系统要有便捷、灵活的操作方式，多种形式的运动控制方式和安全可靠的运行模式。构成机器人控制系统的要素主要有计算机硬件系统及操作控制软件、输入/输出设备及装置、驱动系统、传感器系统。图 2-43 所示为各要素间的关系。

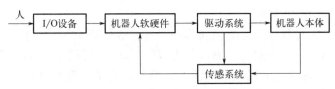
图 2-43　工业机器人控制系统的要素

　　工业机器人控制系统的基本功能如下。

　　① 记忆功能：存储作业顺序、运动路径、运动方式、运动速度和与生产工艺有关的信息。

　　② 示教功能：离线编程、在线示教、间接示教。在线示教包括示教盒和导引示教两种。

　　③ 与外围设备联系功能：输入和输出接口、通信接口、网络接口、同步接口。

　　④ 坐标设置功能：有关节坐标系、绝对坐标系、工具坐标系、用户坐标系四种。

　　⑤ 人机接口：示教器、操作面板、显示屏。

　　⑥ 传感器接口：位置传感器接口、视觉传感器接口、触觉传感器接口、力觉传感器接口等。

　　⑦ 位置伺服功能：机器人多轴联动、运动控制、速度和加速度控制、动态补偿等。

⑧ 故障诊断、安全保护功能：运行时系统状态监视、故障状态下的安全保护和故障自诊断功能。

工业机器人控制系统的组成包括控制计算机、示教器、操作面板、硬盘和软盘、数字和模拟量输入输出、传感器接口、轴控制器、辅助设备控制（如手爪变位器）、通信接口（串行接口和并行接口等）、网络接口（Ethernet 接口、Fieldbus 接口）。

工业机器人控制系统分类如下。

① 程序控制系统：给每一个自由度施加一定规律的控制，机器人就可实现指定的空间轨迹。

② 自适应控制系统：当外界条件变化时，为保证所要求的品质或为了随着经验的积累而自行改善控制品质，其过程是基于操作机的状态和伺服误差的观察，再调整非线性模型的参数，一直到误差消失为止。这种系统的结构和参数能随时间和条件而自动改变。

③ 人工智能系统：事先无法编制运动程序，而是要求在运动过程中根据所获得的周围状态信息，实时确定控制作用。

④ 轨迹控制：工业机器人按示教的轨迹和速度运动。例如，在弧焊、涂胶、切割等工作中，要求机器人末端执行器按照示教的轨迹和速度运动。如果运动轨迹不符，就会使产品报废。

⑤ 点位控制：工业机器人准确控制末端执行器的位置，只考虑起始点和终止点，与路径无关。比如，在电路板上安插元件、点焊、装配等工作都属于点位控制方式。

⑥ 控制总线：国际标准总线控制系统。采用国际标准总线作为控制系统，如 VME、MULTI-bus、STD-bus、PC-bus。

⑦ 自定义总线控制系统：由生产厂家自行定义使用的总线。

⑧ 编程方式：物理设置编程系统。由操作者设置固定的限位开关，实现启动、停车的程序操作，只能用于简单的拾起和放置作业。

⑨ 在线编程：通过示教来完成操作信息的记忆过程编程方式，包括直接示教、模拟示教和示教器示教。

⑩ 离线编程：不对实际作业的机器人直接示教，而是通过使用高级机器人编程语言，远程式离线生成机器人作业轨迹。

（2）工业机器人驱动系统

工业机器人驱动系统包括动力装置和传动装置，给每个关节即每个运动自由度安置传动装置，使机器人运动起来。按照动力源可分为液压驱动、气压驱动和电力驱动三种驱动类型（表 2-6）。可以是直接驱动或者是通过同步带、链条、轮系、谐波齿轮等机械传动机构进行间接驱动。目前采用电力驱动是现代工业机器人的一种主流驱动方式，一般都采用一个关节轴使用一个驱动器的形式。

表 2-6　液压、气压和电力驱动的主要特点

内容	驱动方式		
	液压驱动	气压驱动	电力驱动
输出功率	输出功率大。压力范围 50～140N/cm²	输出功率大。压力范围 48～60N/cm²，最大可达 100N/cm²	
控制性能	利用液体的不可压缩性，控制精度较高，输出功率大，可无级调速，反应灵敏，可实现连续轨迹控制	气体压缩性大，精度低，阻尼效果差，递送不易控制，难以实现高速、高精的连续轨迹控制	控制精度高，功率较大，能精确定位，反应灵敏，可实现高速、高精的连续轨迹控制，伺服性能好，但控制系统复杂

内容	驱动方式		
	液压驱动	气压驱动	电力驱动
结构性能及体积	结构适当,执行机构可标准化、模块化、易实现直接驱动。功率/质量比大,体积小,结构紧凑,密封问题较大	结构适当,执行机构可标准化、模块化、易实现直接驱动。功率/质量比大,体积小,结构紧凑,密封问题较小	伺服电机易于标准化,结构性能好,噪声低;电机一般需配置减速装置,除直驱电机外,难以直接驱动;结构紧凑,体积小,无密封问题
安全性	防爆性能较好;用液压油做传动介质,在一定条件下有火灾危险	防爆性能好;高于 1000kPa(10 个大气压)时应注意设备的抗压性能	设备自身无爆炸和火灾危险;直流有刷电机换向时有火花现象,防爆性能较差
对环境的影响	液压系统易产生液体泄漏,对环境有污染	排气时有噪声	无
适合场合	承载能力大(100kg 以上),惯性大,如喷涂机器人、搬运/码垛机器人,不适合远距离传输	中小负载驱动,精度要求较低,一般用于机器人末端执行器的驱动,如夹持器	中小负载驱动,要求有较高的位置控制精度和轨迹控制精度、速度较高的机器人,如点焊机器人、弧焊机器人、装配机器人等
成本	液压元件成本较高	成本低	成本高
维修及使用	方便,但油液对环境温度有一定要求	方便	较复杂

① 液压驱动。液压驱动机器人是利用油液作为传递力或力矩的工作介质,通过电动机带动液压泵输出压力油,将机械能转换为压力能,压力油经过管道及控制调节装置进入液压缸,推动活塞杆运动,带动机械臂做伸缩、升降等运动,将压力能又转化为机械能。

液压系统主要由动力元件、执行元件、控制元件、辅助元件和液压油五部分组成。

a. 动力元件。动力元件是能量转换装置,它将原动机输出的机械能转换为液体的压力能,通过油泵带动压力油驱动整个液压系统工作。液压泵根据结构形式一般有齿轮泵、叶片泵、柱塞泵和螺杆泵。

b. 执行元件。执行元件(如液压缸和液压马达)的作用是将液体的压力能转换为机械能,驱动负载做直线往复运动或回转运动。

c. 控制元件。控制元件(即各种液压阀)在液压系统中控制和调节液体的压力、流量和方向。根据控制功能的不同,液压阀可分为压力控制阀、流量控制阀和方向控制阀。压力控制阀包括溢流阀(安全阀)、减压阀、顺序阀、压力继电器等;流量控制阀包括节流阀、调整阀、分流集流阀等;方向控制阀包括单向阀、液控单向阀、梭阀、换向阀等。根据控制方式不同,液压阀可分为开关式控制阀、定值控制阀和比例控制阀。

d. 辅助元件。辅助元件包括油箱、滤油器、冷却器、加热器、蓄能器、油管及管接头、密封圈、快换接头、高压球阀、胶管总成、测压接头、压力表、油位计、油温计等。

e. 液压油。液压油是液压系统中传递能量的工作介质,有各种矿物油、乳化液和合成型液压油等几大类。

液压系统工作时应注意:选择适合的液压油;防止固体杂质混入液压系统,防止空气和水入侵液压系统;机械作业要柔和平顺,应避免粗暴,否则必然产生冲击负荷,使机械故障频发,大大缩短使用寿命;要注意气蚀和溢流噪声,作业中要时刻注意液压泵和溢流阀的声音,如果液压泵出现"气蚀"噪声,经排气后不能消除,应查明原因排除故障后才能使用;保持适宜的油温,液压系统的工作温度一般控制在 30~80℃为宜。

② 气压驱动。气压驱动是以压缩空气为工作介质进行能量传递和信号传递的一门技术。

气压驱动系统包括气源装置（压缩空气站）、气源的净化装置、气动执行机构、空气控制阀和气动逻辑元件。

a. 气源装置（压缩空气站）。气源装置为气动系统提供满足一定质量要求的压缩空气，是气动系统的重要组成部分。其中压缩空气必须满足具有一定压力和流量，并具有一定的净化程度，所以气源装置由气压发生装置（空气压缩机）和气源净化辅助设备组成。

b. 气源的净化装置。压缩空气净化的原因是：压缩空气中含有水汽、油气和灰尘，这些杂质如果被直接带入气罐、管道及气动元器件中，就会引起腐蚀、磨损、阻塞等一系列问题，从而造成降低气动系统运行效率和寿命以及控制失灵等严重后果。所以必须要设置除油、除尘、除水，并使压缩空气干燥的提高压缩空气质量、进行气源净化处理的辅助设备。

气源净化装置一般有后冷却器、油水分离器、储气罐和过滤器等。

• 后冷却器。后冷却器安装在空气压缩机出口处的管道上，作用是将空气压缩机排出的压缩空气的温度由 140～170℃ 降至 40～50℃，这样就可使压缩空气中的油雾和水汽迅速达到饱和，使其大部分析出并凝结成油滴和水滴，以便经油水分离器排出。

• 油水分离器。油水分离器用于将油、水和灰尘从压缩空气中分离出去，使压缩空气得到初步净化。

• 储气罐。储气罐用于存储一定数量的压缩空气，以备发生故障或临时需要应急使用；消除由于空气压缩机断续排气而对系统引起的压力脉动，保证输出气流的连续性和稳定性；进一步分离压缩空气中的油、水等杂质。

• 过滤器。过滤器用于过滤压缩空气，分离水分、过滤杂质。一般气动控制元件对空气的过滤要求比较严格，常采用简易过滤器过滤后，再经分水过滤器二次过滤。

气动三联件是气动元件及气动系统使用压缩空气的质量的最后保证，包括分水过滤器、油雾器和减压阀。其中分水过滤器作用是除去空气中的灰尘、杂质，并将空气中的水分分离出来；油雾器是特殊的注油装置；减压阀起减压和稳压作用。

c. 气动执行机构。气动执行机构包括气缸和气动马达两种。

气缸和气动马达是将压缩空气的压力能转换为机械能的能量转换装置。气缸输出力，驱动工件部分做直线往复运动或往复摆动；气动马达输出力矩，驱动机构做回转运动。

d. 空气控制阀和气动逻辑元件。空气控制阀是气动控制元件，作用是控制和调节气动系统中压缩空气的压力、流量和方向，从而保证气动执行机构按规定的程序正常工作。

空气控制阀包括压力控制阀、流量控制阀和方向控制阀。

气动逻辑元件是通过可动部件的动作，进行元件切换，进而实现逻辑功能。采用气动逻辑元件能给自动控制系统提供简单、经济、可靠和寿命长的新途径。

③ 电力驱动。电力驱动也叫电气驱动，是利用电动机产生的力或力矩直接或通过减速机构等间接地驱动机器人的各个运动关节的驱动方式。电动系统一般由电动机及其驱动器组成。电力驱动装置的能源简单，速度变化范围大，效率高，速度和位置精度都很高，但它们多与减速装置相连，直接驱动比较困难。

a. 电动机。工业机器人常用的电动机有直流伺服电动机、交流伺服电动机和步进伺服电动机。

• 直流伺服电动机（DC 伺服电动机）。直流伺服电机分为有刷和无刷两种。有刷直流伺服电机：成本低，结构简单，启动转矩大，调速范围宽，控制容易；需要维护，但维护方便（换炭刷）；会产生电磁干扰，对环境有要求。因此它可以用于对成本敏感的普通工业和民用场合。

无刷直流伺服电机：体积小，重量轻，出力大，响应快，速度高，惯量小，转动平滑，力矩稳定，容易实现智能化；其电子换相方式灵活，可以方波换相或正弦波换相；免维护，不存在炭刷损耗的情况；效率很高，运行温度低，噪声小，电磁辐射很小，长寿命，可用于各种环境。

- 交流伺服电机（AC 伺服电机）。交流伺服电机的结构主要可分为定子部分和转子部分两部分。其结构比较简单，转子由磁体构成，直径较小，定子由三相绕组组成，可通过大电流，无电刷，运行安全可靠，适用于频繁启动、停止工作，而且过载能力、转矩/转动惯量比、定位精度等优于直流伺服电机。例如，对黏稠体物料的计量，可以采用交流伺服电机来驱动齿轮泵，通过齿轮泵的一对齿轮的啮合来进行计量；在连续式供送物料方式中，交流伺服电机的优良加速性能及其过载能力，可以保证连续匀速地供送物料。但是，交流伺服电机的控制电路比较复杂，所以构成的驱动系统价格相对较高。虽然交流伺服电机在许多性能方面都优于步进伺服电机，但在一些要求不高的场合也经常用步进伺服电机来做执行电机。

- 步进伺服电机。步进伺服电机是以电脉冲驱动使其转子转动产生转角值的动力装置。其中输入的脉冲数决定转角值，脉冲频率决定转子的速度。该电机控制电路较为简单，不需要转动状态的检测电路，因此所构成的驱动系统价格比较低廉。但是，步进伺服电机的功率比较小，不适合大负荷的工业机器人使用。

交流和直流伺服电机两者的主要区别在于控制速度的能力。直流电机的特点是速度与恒定负载的电源电压成正比，而交流电机的速度由施加电压的频率和磁极数决定。与直流伺服电机相比，交流伺服电机将承受更高的电流，所以广泛用于制造业中的装配线机器人或任何其他需要高强度熟练和精密工作的应用。

b. 驱动器。伺服驱动器（servo drives）又称为"伺服控制器""伺服放大器"，是用来控制伺服电机的一种控制器，其作用类似于变频器作用于普通交流电机，属于伺服系统的一部分，主要应用于高精度的定位系统。一般当伺服电机接入电源启动运行，伺服驱动器就对伺服电机进行精确的位置控制、速度控制、转矩控制以及故障保护。

驱动器一般分为直流伺服电机驱动器、交流伺服电机驱动器和步进伺服电机驱动器。

- 直流伺服电机驱动器。直流伺服电机驱动器多采用脉宽调制（PWM）伺服驱动器，通过改变脉冲宽度来改变加在电机电枢两端的平均电压，从而改变电机的转速。PWM 伺服驱动器具有调速范围宽、低速特性好、响应快、效率高、过载能力强等特点，在工业机器人中常作为直流伺服电机驱动器。

- 交流伺服电机驱动器。交流伺服电机驱动器通常采用电流型 PWM 变频调速伺服驱动器，将给定的速度与电机的实际速度进行比较，产生速度偏差，根据速度偏差产生的电流信号控制交流伺服电机的转动速度。同直流伺服电机驱动器相比，交流伺服电机驱动器具有转矩/转动惯量比高、无电刷及换向火花等优点，在工业机器人中得到广泛应用。

- 步进伺服电机驱动器。步进伺服电机驱动器是一种将电脉冲转化为角位移的执行机构，主要由脉冲发生器、环形分配器和过滤放大器等部分组成。驱动器每接收一个脉冲信号，就驱动步进伺服电机按设定的方向转动一个固定的角度（称为步距角），可以通过控制脉冲个数来控制角位移量，从而能准确定位；同时可以通过控制脉冲频率来控制电机转动的速度和加速度，从而进行调速和定位。

2.2.4　工业机器人传动系统

在工业机器人结构中，为了使机器人运行，需要将传动装置放置在每个关节，即每个运动自由度。传动系统一般由同步带、链条、轮系、谐波齿轮等机械传动机构组成，通过驱动器进行直接驱动或间接驱动。

根据传动类型的不同，传动部件可以分为两大类：直线传动机构和旋转传动机构。

（1）直线传动机构

工业机器人常用的直线传动机构可以直接由气缸或液压缸和活塞产生，也可以采用齿轮齿条、滚珠丝杠螺母副等传动元件由旋转运动转换得到。

① 移动关节导轨。在运动过程中移动关节导轨可以起到保证位置精度和导向的作用。移动关节导轨有五种：普通滑动导轨、液压动压滑动导轨、液压静压滑动导轨、气浮导轨和滚动导轨。

普通滑动导轨和液压动压滑动导轨具有结构简单、成本低的优点，但是它们必须留有间隙以便润滑，而机器人载荷的大小和方向变化很快，间隙的存在又会引起坐标位置的变化和有效载荷的变化；另外，这两种导轨的摩擦系数又随着速度的变化而变化，在低速时容易产生爬行现象等缺点。

液压静压滑动导轨结构能产生预载荷，能完全消除间隙，具有高刚度、低摩擦、高阻尼等优点，但是它需要单独的液压系统和回收润滑油的机构。

气浮导轨的缺点是刚度和阻尼较低。

目前滚动导轨在工业机器人中应用最为广泛。图 2-44 所示为包容式滚动导轨的结构，用支承座支承，可以方便地与任何平面相连，此时套筒必须是开式的，嵌入滑枕中，既增强刚度也方便与其他元件的连接。

② 齿轮齿条。齿轮齿条（图 2-45）装置中，通常齿条是固定不动的，当齿轮转动时，齿轮轴连同托板沿齿条方向做直线运动。这样，齿轮的旋转运动就转换成托板的直线运动，其中托板是由导杆或导轨支承的。该装置的优点是结构简单，缺点是回差较大。

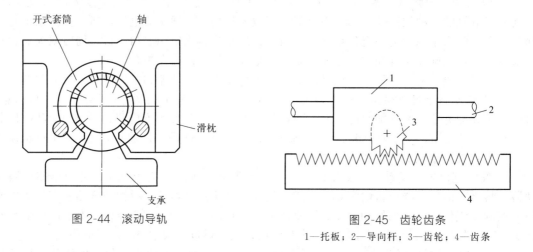

图 2-44 滚动导轨

图 2-45 齿轮齿条
1—托板；2—导向杆；3—齿轮；4—齿条

③ 滚珠丝杠螺母副。在工业机器人中经常采用滚珠丝杠螺母副，这是因为滚珠丝杠螺母副的摩擦力小、传动效率高、无爬行、精度高。

由于滚珠丝杠螺母副的螺旋槽里放置了许多滚珠，丝杠在传动过程中所受的是滚动摩擦力，摩擦力较小，因此传动效率高，同时可消除低速运动时的爬行现象；在装配时施加一定的预紧力，可消除回差。

如图 2-46 所示，滚珠丝杠螺母副里的滚珠经过研磨的导槽循环往复传递运动与动力。滚珠丝杠螺母副的传动效率可以达到 90%。

④ 液（气）压缸。液（气）压缸是将液压泵（空压机）输出的压力能转换为机械能，做直线往复运动的执行元件，使用液（气）压缸可以容易地实现直线运动。液（气）压缸主要由缸筒、缸盖、活塞、活塞杆和密封装置等部件构成。活塞和缸筒采用精密滑动配合，压

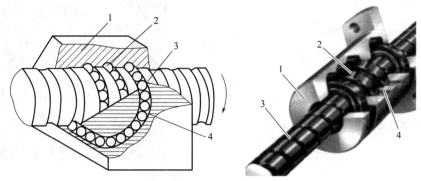

图 2-46 滚珠丝杠螺母副

1—螺母；2—滚珠；3—丝杠；4—螺旋槽

力油（压缩空气）从液（气）压缸的一端进入，把活塞推向液（气）压缸的另一端，从而实现直线运动。通过调节进入液（气）压缸的液压油（压缩空气）的流动方向和流量可以控制液（气）压缸的运动方向和速度。

（2）旋转传动机构

一般电机都能够直接产生旋转运动，但其输出转矩比所要求的转矩小，转速比要求的转速高，因此需要采用齿轮、带传送装置或其他传动机构，把较高的转速转换成较低的转速，并获得较大的转矩。运动的传递和转换必须高效率地完成，并且不能有损机器人系统所需要的特性，包括定位精度、重复定位精度和可靠性等。机器人中应用较多的旋转传动机构有齿轮链、同步带和谐波齿轮。通过这些传动机构可以实现运动的传递和转换。

① 齿轮链。齿轮链中的齿轮副不但可以传递运动角位移和角速度，而且可以传递力和力矩。如图 2-47 所示，一个齿轮装在输入轴上，另一个齿轮装在输出轴上，可以得到齿轮的齿数与其转速成反比 [式(2-1)]，输出力矩与输入力矩之比等于输出齿数与输入齿数之比 [式(2-2)]。

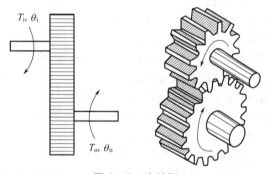

图 2-47 齿轮副

$$\frac{z_i}{z_o} = \frac{n_o}{n_i} \tag{2-1}$$

$$\frac{T_o}{T_i} = \frac{z_o}{z_i} \tag{2-2}$$

② 同步带。在工业机器人中，同步带传动主要用来传递平行轴之间的运动。

同步带是具有许多型齿的传动带，它与同样具有型齿的同步带轮相啮合，靠啮合传递功率，其传动原理如图 2-48 所示。齿的节距用包络带轮时的圆节距 t 表示。

同步带的计算公式为：

$$i = \frac{n_2}{n_1} = \frac{z_1}{z_2} \tag{2-3}$$

式中，n_1 为主动轮转速，r/min；n_2 为被动轮转速，r/min；z_1 为主动轮齿数；z_2 为被动轮齿数。

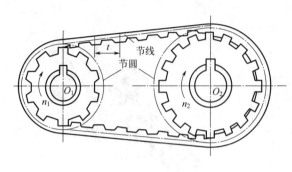

图 2-48 同步带传动原理

同步带传动的优点：传动时无滑动，柔性好，传动比准确，传动平稳，速比范围大，初始拉力小，轴与轴承不易过载。但是，同步带具有一定的弹性变形，所以这种传动机构的制造及安装要求严格，对带的材料要求也较高，因而成本较高。同步带传动适用于电机和高减速比减速器之间的传动。

③ 谐波齿轮减速器和 RV 减速器。减速器是工业机器人的核心三大部件之一，占据着机器人成本的三分之一。它是利用齿轮的速度转化，将电机的转速减到需要的转速，得到较大的转矩。传统工业机器人普遍采用的减速器主要有谐波齿轮减速器和 RV 减速器。从工业机器人的安装位置来看，一般将谐波齿轮减速器安装在腕关节等承载能力较小的部位（20kg 以下），将 RV 减速器安装在肩关节和肘关节等承载能力较大的部位（20kg 以上）。

a. 谐波齿轮减速器。目前工业机器人的旋转关节有 60%～70% 都使用谐波齿轮传动。谐波齿轮的特点是结构简单、体积小、重量轻（谐波齿转减速器的体积可减少 2/3，重量可减少 1/2）；传动比范围大（单级谐波齿轮传动速度比为 70～320，在某些装置中可达 1000，多级传动速比可达 3000 多）；传动精度高（谐波齿轮传动中同时啮合的齿数多，误差均匀化，即多齿啮合对误差有补偿作用，因此传动精度高）；承载能力大（谐波齿轮传动过程中同时啮合的齿数较多，双波传动同时啮合的齿数可达总齿数的 30% 以上，软轮采用高强度材料，齿与齿之间有表面接触）；运动平稳、无冲击、噪声小；传动效率高、可实现高增速运动；可实现差速传动。

谐波齿轮传动机构由刚性齿轮、谐波发生器和柔性齿轮三个主要零件组成，如图 2-49 所示。

• 刚性齿轮。刚性齿轮是一个刚性的内齿轮，双波谐波传动的刚性齿轮通常比柔性齿轮多两齿。谐波齿轮减速器多以刚性齿轮固定，外部与箱体连接。

• 谐波发生器。谐波发生器与输入轴相连，它由一个椭圆形凸轮和一个薄壁的柔性轴承组成。对柔性齿圈的变形起产生和控制作用。

• 柔性齿轮。柔性齿轮有薄壁杯形、薄壁圆筒形或平嵌式等多种。薄壁圆形柔性齿轮的开口端外面有齿圈，它随波发生器的转动而产生径向弹性变形，筒底部分与输出轴连接。

工作时，谐波发生器 4 为主动件，柔性齿轮 5 为从动件与输出轴相连，刚性齿轮 6 固定安装，各齿均布于圆周上，柔性齿轮的外齿圈 2 沿刚性齿轮的内齿圈 3 转动。柔性齿轮的外齿比刚性齿轮的内齿少 2 个齿，所以柔性齿轮沿刚性齿轮每转一圈就反向转过 2 个齿的相应转角。谐波发生器具有椭圆形轮廓，装在其上的滚珠用于支承柔性齿轮，谐波发生器驱动柔性齿轮旋转并使之发生塑性变形。转动时，柔性齿轮的椭圆形端部只有少数齿与刚性齿轮啮合，只有这样，柔性齿轮才能相对于刚性齿轮自由地转过一定的角度。

谐波齿轮传动比计算公式：

$$i = \frac{z_2 - z_1}{z_2} \tag{2-4}$$

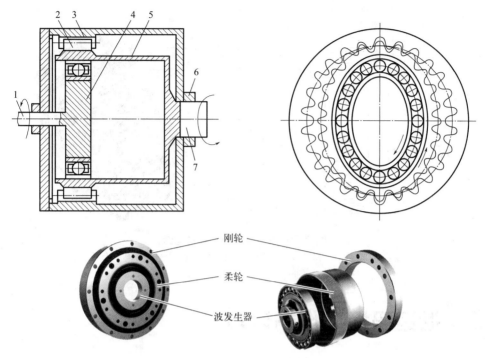

图 2-49　谐波齿轮传动机构

1—输入轴；2—柔性外齿圈；3—刚性内齿圈；4—谐波发生器；
5—柔性齿轮；6—刚性齿轮；7—输出轴

式中，z_1 为柔性齿轮的齿数；z_2 为刚性齿轮的齿数。假设刚性齿轮有 100 个齿，柔性齿轮比它少 2 个齿，则当谐波发生器转 50 圈时，柔性齿轮转 1 圈，这样只占用很小的空间就可以得到 1∶50 的减速比。通常将谐波发生器装在输入轴，把柔性齿轮装在输出轴，以获得较大的齿轮减速比。

b. RV 减速器。RV 减速器由一个行星齿轮减速机的前级和一个摆线针轮减速机的后级组成。RV 减速器是一种结构紧凑，传动比大，以及在一定条件下具有自锁功能的传动机械，是最常用的减速器之一，而且振动小、噪声低、能耗低。主要零部件包括太阳轮（中心轮）、行星轮、曲柄轴（转臂）、摆线轮（RV 齿轮）、针齿和外壳等。行星轮与曲柄轴相连，均匀分布在一个圆周上，有功率分流作用，将输入轴输入的功率分流并传递给摆线针轮行星机构；曲柄轴是摆线轮的旋转轴，它一端与行星轮相连，另一端与支承圆盘相连，既可以带动摆线轮公转，也可以使摆线轮自转；摆线轮一般在曲柄轴上，两个摆线轮的偏心位置角度为 180°，能保证传动装置径向力的平衡。

RV 减速器的工作原理如图 2-50 所示，RV 减速机的传动装置是由第 1 级渐开线圆柱齿轮行星减速机构和第 2 级摆线针轮行星减速机构两部分组成，当输入轴转动带动轴上的齿轮（太阳轮）传递给行星轮，并按齿数比进行减速，同时，每个行星轮连接一个双向偏心轴（曲柄轴），后者再带动两个径向对置的 RV 摆线齿轮在有内齿的固定外壳上滚动。

RV 减速器较机器人中常用的谐波齿轮减速器具有高得多的疲劳强度、刚度和寿命，而且回差精度稳定，不像谐波齿轮减速器那样随着使用时间延长，运动精度就会显著降低，传动刚度高出谐波齿轮减速器 2～6 倍，故世界上许多国家高精度机器人传动多采用 RV 减速器。因此，RV 减速器在先进机器人传动中有逐渐取代谐波减速器的发展趋势。

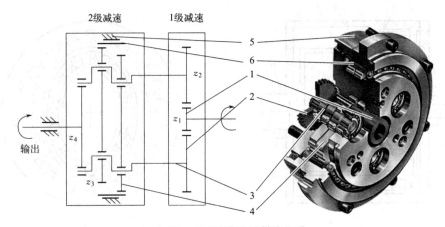

图 2-50　RV 减速器的基本构造

1—太阳轮；2—行星轮；3—曲柄轴；4—摆线轮；5—外壳；6—针齿

2.3　搬运码垛工作站认知

工业机器人工作站是指使用一台或多台机器人，配以相应的周边设备，用于完成某一特定工序作业的独立生产系统，也可称为机器人工作单元。它主要由工业机器人及其控制系统、辅助设备以及其他周边设备构成。

搬运码垛机器人是应用在工业生产过程中，用来对物料进行搬运、码垛、拆垛等任务的一类工业机器人，它是集机械电子、信息和智能技术、计算机科学等学科于一体的高新机电产品。随着物流、3C、食品等行业规模的不断扩大，工业机器人搬运码垛作业替代了大量重复作业的工作者，将人们从繁重、恶劣、枯燥的环境中解脱出来。

2.3.1　搬运码垛工作站构成

（1）搬运工作站的基本构成

搬运机器人是指可以进行自动化搬运作业的工业机器人。1960 年，在美国出现了最早的搬运机器人，Versatran 和 Unimate 两种机器人首次用于搬运作业。

搬运作业是指用一种设备握持工件，从一个加工位置移动到另一个加工位置的过程。如果采用工业机器人来完成这个任务，通过给搬运机器人安装不同的末端执行器，可以完成不同形态和状态工件的搬运工作。

典型搬运工作站除具有机器人本体以外，还要有外围控制单元、传感单元、气动系统和安全系统等。搬运工作站系统组成如图 2-51 所示。

搬运工作站一般具有以下一些特点：

① 应有物品的传送装置，其形式要根据物品的特点选用或设计。

② 可使物品准确地定位，以便于机器人抓取。

③ 多数情况下设有物品托板，或机动或自动地交换托板。

④ 有些物品在传送过程中还要经过整形，以保证码垛质量。

⑤ 要根据被搬运物品设计专用末端执行器。

⑥ 应选用适合搬运作业的机器人。

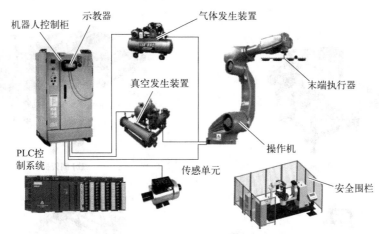

图 2-51　搬运工作站系统组成

（2）码垛工作站的基本构成

码垛机器人，就是能把货物按照一定的摆放顺序与层次整齐地堆叠好的机器人。码垛机器人作为一种新兴智能码垛设备，具有作业高效、码垛稳定等优点，可以解放工人的繁重体力劳动，已经在各行业包装物流产线中发挥重要作用。

码垛机器人工作站主要包括：机器人和码垛系统。常见的码垛机器人由操作机、控制系统（机器人控制柜、示教器）、码垛系统（气体发生装置、真空发生装置）和安全保护装置组成，如图 2-52 所示。操作者通过示教器和操作面板进行码垛机器人运动位置和动作程序示教，设定速度、码垛参数等。

图 2-52　码垛工作站系统组成

码垛机器人与搬运机器人在本体结构上没有过多区别，通常可认为码垛机器人本体较搬运机器人大，在实际生产当中码垛机器人多为四轴且多数带有辅助连杆，连杆主要起到增加力矩和平衡的作用。码垛机器人多不能进行横向或纵向移动，安装在物流线末端。

常见的码垛机器人周边设备包括金属检测机、倒袋机、重量复检机、自动剔除机、整形机、传送带等，如图 2-53 所示。

① 金属检测机。为防止在生产制造过程中混入金属等异物，需要金属检测机进行流水线检测。

② 倒袋机。倒袋机是将输送过来的袋装码垛物按照预定程序进行输送、倒袋、转位等操作，以按流程进入后续工序。

③ 重量复检机。它在自动化码垛流水作业中起到重要作用，可以检测出前工序是否漏装、装多，以及对合格品、欠重品、超重品进行统计，进而实现产品质量控制。

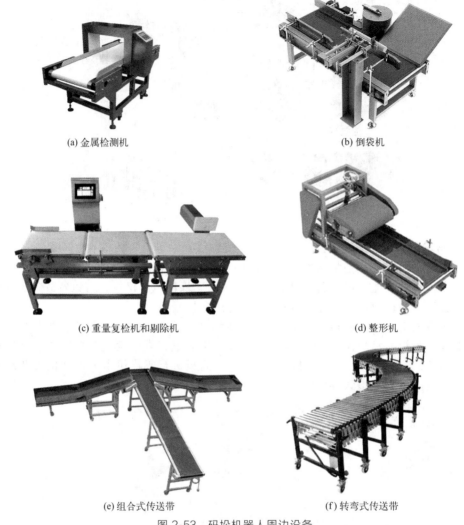

(a) 金属检测机　　　　　　　　　　　　　　　(b) 倒袋机

(c) 重量复检机和剔除机　　　　　　　　　　　(d) 整形机

(e) 组合式传送带　　　　　　　　　　　　　(f) 转弯式传送带

图 2-53　码垛机器人周边设备

④ 自动剔除机。自动剔除机安装在金属检测机和重量复检机之后，主要用于剔除含金属异物及重量不合格的产品。

⑤ 整形机。其主要针对袋装码垛物，经整形机整形后袋装码垛物内可能存在的积聚物会均匀分散，之后进入后续工序。

⑥ 传送带。传送带是自动化码垛生产线上必不可少的部分，其针对不同的厂源条件可选择不同的形式。

2.3.2　搬运码垛工作站应用

搬运码垛机器人应用范围非常广泛，可以集成在任何生产线中，为生产现场提供智能化、机器人化、网络化的服务，广泛应用于瓶类、袋类、桶装、膜包产品等各种形状产品的搬运和码垛。

（1）仓储物流码垛场景

仓库中货物的搬运、摆放、存取，仅仅依靠人工是不可能实现高效运转的。自动化程度比较高的仓库，通过采用 AGV 移动小车，配套各种码垛机器人等，来实现高效快速地存取货物。因此，码垛机器人在仓储物流中获得了广泛的应用。

由码垛机器人替代人工进行搬运、码垛作业，能迅速提高产量和生产效率，同时也能减少人工作业造成的差错。机器人码垛系统可全天候 24 小时工作，大幅节约人力成本的同时，达到减员增效的结果。

例如：某码垛机器人最大负载 275kg，根据负载的不同，直线运动时最大运动速度可以达到 2500mm/s，搬运能力可以达到 1100 次/h。每台码垛机器人都有独立的控制系统，重复精度可达±0.2mm，完全可以满足物流码垛作业的定位要求。通过软件编程，设定并灵活地优化不同的运动路径，可以实现作业中不同产品种类的多样化搬运需求。该机器人仓储物流码垛场景如图 2-54 所示。

图 2-54　仓储物流码垛场景

（2）袋装物料搬运码垛场景

袋装码垛机器人一般在饲料、粮食、化工产品等用袋进行产品包装的行业中使用，主要用来码垛、拆垛袋装产品。袋装码垛机器人的结构比较简单，方便进行操作，定位准确，码垛速度高，适用于多个行业。如图 2-55 所示，它采用的是双抓取式手爪，可同时抓取两袋物料。该种手爪可灵活适应不同形状和内含物（如大米、砂砾、塑料、水泥、化肥等）的物料袋的码垛，一般采用不锈钢制作，可满足极端条件下作业的要求。

图 2-55　袋装物料码垛场景

（3）纸箱、瓶装物料搬运码垛场景

根据搬运物料的不同更换不同的末端执行器，就可以实现不同物料的搬运和码垛，如图 2-56 和图 2-57 所示，分别为纸箱和瓶装物料码垛的场景。

图 2-56　纸箱物料码垛场景　　　　　图 2-57　瓶装物料码垛场景

思考与练习

2-1　填空题：

① 工业机器人机构中常使用的关节类型有（　　）、（　　）、（　　）和（　　）。

② 工业机器人性能指标包括（　　）、（　　）、（　　）、（　　）、（　　）等。

③ 按机械结构来分，工业机器人通常可以分为（　　）、（　　）、（　　）、（　　）、（　　）、（　　）等。

④ 工业机器人的驱动系统，按动力源可以划分为（　　）、（　　）、（　　）和（　　）四种类型。

⑤ 机器人按照应用领域划分，常见的有（　　）、（　　）、（　　）、（　　）、（　　）等。

⑥ 目前焊接机器人应用中比较普遍的主要有（　　）、（　　）和（　　）。

⑦ 工业机器人的坐标系主要有六种：（　　）、（　　）、（　　）、（　　）、（　　）和（　　）。

⑧ 工业机器人由（　　）、（　　）和（　　）三大部分组成。

⑨ 工业机器人的机械结构系统由（　　）、（　　）、（　　）、（　　）四部分组成。

⑩ 常用的末端执行器有（　　）、（　　）、（　　）、（　　）和（　　）。

⑪ 内部传感器包括（　　）、（　　）、（　　）和（　　）。

⑫ 外部传感器包括（　　）、（　　）和（　　）。

⑬ 机器人中应用较多的旋转传动机构有（　　）、（　　）和（　　）。

⑭ 谐波齿轮减速器由（　　）、（　　）和（　　）三个主要零件组成。

⑮ 常见的码垛机器人周边设备包括（　　）、（　　）、（　　）、（　　）、（　　）、（　　）等。

2-2　判断题：

① 球面关节用字母 S 表示，它允许两连杆之间有三个独立的相对转动，这种关节具有

3 个自由度。　　　　　　　　　　　　　　　　　　　　　　　　　　　（　　　）

　　② 自由度是指机器人所具有的独立坐标轴运动的数目，机器人有几个轴就有几个自由度。　　　　　　　　　　　　　　　　　　　　　　　　　　　　　　（　　　）

　　③ 承载能力是指机器人在作业范围内的任何位姿上所能承受的最大载荷，包括末端执行器、附件、工件的惯性作用力。　　　　　　　　　　　　　　　　　　　（　　　）

　　④ 电力驱动机器人具有无污染、易于控制、运动精度高、成本低、驱动效率高等优点，其应用最广泛。　　　　　　　　　　　　　　　　　　　　　　　　　　（　　　）

　　⑤ 工业机器人常用的电机有直流伺服电机、交流伺服电机和步进伺服电机。其中，交流伺服电机广泛用于制造业中的装配线机器人或任何其他需要高强度熟练和精密工作的应用。　　　　　　　　　　　　　　　　　　　　　　　　　　　　　　　（　　　）

　　⑥ 目前滚动导轨在工业机器人中应用最为广泛。　　　　　　　　　　（　　　）

　　⑦ 减速器是工业机器人的核心三大部件之一，占据着机器人成本的三分之一。（　　　）

　　2-3　简答题：简述码垛机器人的特点。

第3章

工业机器人安装

知识目标

① 掌握常用安装工具、测量工具的使用方法。
② 掌握典型机器人工作站技术文件识读方法。
③ 熟悉工业机器人安装环境要求。
④ 掌握工业机器人本体安装和控制柜连接的方法。

能力目标

① 看懂机器人工作站机械布局图。
② 学会工业机器人本体的安装。
③ 学会工业机器人示教器的安装。
④ 学会工业机器人与控制柜的连接。

3.1 安装及测量工具的认识和使用

工业机器人的安装、测量与其他工业设备的安装、测量所使用的工具大致相同，主要包括斜口钳、剥线钳、螺丝刀、内六角扳手、钢尺、万用表等。

（1）斜口钳

斜口钳主要用于剪切导线、元器件多余的引线，还常用来代替一般剪刀剪切绝缘套管、尼龙扎线等，如图 3-1 所示。

（2）剥线钳

剥线钳为电工修理电动机、仪器仪表等常用的工具之一，专供电工剥除电线头部的表面绝缘层用，如图 3-2 所示。

（3）螺丝刀

螺丝刀是一种用来拧转螺钉以迫使其就位的工具，通常有一个薄楔形头，可插入螺钉头的槽缝或凹口内，主要有十字和一字两种形式，如图 3-3 所示。

图 3-1　斜口钳　　　　　　　　　　　　　图 3-2　剥线钳

（4）内六角扳手

内六角扳手是成 L 形的六角棒状扳手，它通过转矩施加对螺栓的作用力，大大降低了使用者的用力强度，专用于拧转六角螺栓，广泛地应用于不同的电子工业、运动器材、灯饰产品、溜冰鞋、小型手电筒等，如图 3-4 所示。

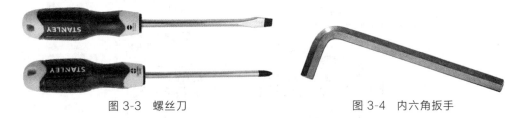

图 3-3　螺丝刀　　　　　　　　　　　　　图 3-4　内六角扳手

（5）钢尺

钢尺是最常用的丈量工具，是用薄钢片制成的带状尺，用来测量长度和作图的工具，广泛应用于数学、测量、工程等学科，如图 3-5 所示。

图 3-5　钢尺

（6）万用表

万用表又称复用表、多用表等，是电子电力等部门不可缺少的测量仪表，一般用于测量电压、电流和电阻，也可用来测量两点之间的电路是否连通。万用表按显示方式分为指针万用表和数字万用表，是一种多功能、多量程的测量仪表，如图 3-6 所示。

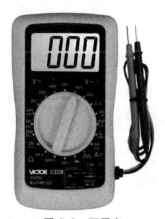

图 3-6　万用表

3.2　工作站技术文件识读

3.2.1　机械识图基础

工业机器人工作站的机械安装部分，主要有连接法兰、地基固定装置和机架固定装置等。

（1）连接法兰

图 3-7 所示是一种工业机器人的连接法兰，它可以接装不同的工具或末端执行器。在图 3-7 中可以读出法兰盘的尺寸、位置，螺栓的个数、位置、尺寸等信息。

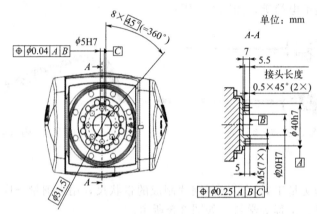

图 3-7　连接法兰

（2）地基固定装置

如果机器人固定在地面上，即直接固定在混凝土地基上，则需要使用带定中装置的地基固定装置，如图 3-8 所示。

采用这种固定方式的前提是混凝土地基有足够的负载能力，并且表面平整、光滑，在图 3-9 中能读出各种定位和安装尺寸。

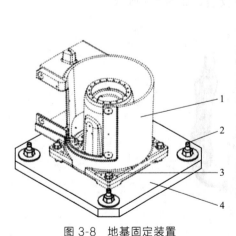

图 3-8　地基固定装置

1—机器人底座；2—锚栓；3—六角螺栓；4—底板

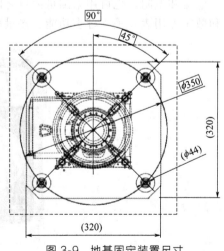

图 3-9　地基固定装置尺寸

（3）机架固定装置

在将机器人固定在客户提供的钢结构安装架或 KUKA 机器人线性滑轨上时，应采用图 3-10 所示的机架固定装置。

3.2.2 电气识图基础

根据最新国家标准电气图形符号绘制的工业机器人电气图是工业机器人工程技术人员进行沟通、交流的共同语言。在设计、安装和调试工业机器人电气设备时，通过识图，可以了解工业机器人各部分电气元件之间的相互关系及电路工作原理，为正确安装、调试和维修工业机器人提供可靠的保障。

图 3-11 是一张工业机器人的电源分配图纸，在图中可以找到 24V 开关电源、伺服驱动电源、四轴机器人电源和六轴机器人电源的电路，为安装工业机器人各部分的电源提供了有效信息。

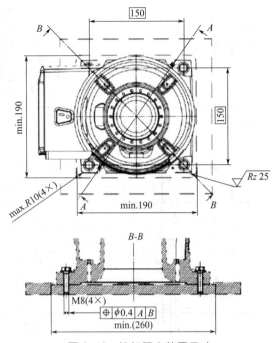

图 3-10　机架固定装置尺寸

图 3-12 所示的是一张 CPU 信号图，在图中能够找到 PLC 的 CPU 的输入/输出信号接线方式，例如急停信号线、运行灯、停止灯、复位灯等。

3.2.3 气动识图基础

气压控制在工业机器人系统中也起到了非常重要的作用，例如两指夹爪、三指夹爪、真空吸盘和气缸等都用到了气压控制。图 3-13 所示是一个双作用气缸的回路图，在图中能够找到气源、气动三联件、电磁阀、调速阀及气缸等元件，并能够根据回路图分析气缸的工作原理等信息。

3.2.4 典型工作站图纸识读

（1）机械装配图

图 3-14 为工业机器人系统的机械装配图，图中 1 是操作平台，2 是协作机器人模块，3 是转盘机构，4 是夹具库，5 是画板模块，6 是触摸屏组件，7 是六轴机器人夹具，8 是线槽，9 是气源处理模块，10 是平垫圈，11 是 T 形螺母，12 是弹簧垫圈，13～15 是内六角圆柱头螺栓。

例如，要安装画板模块 5，在图中可以读出如下信息：画板模块的右边缘距离操作平台最右侧的距离为 112mm，上边缘距离操作平台最上侧的距离为 54mm；固定画板用的 T 形螺母和内六角圆柱头螺栓处于第四个凹槽内，距离操作平台最右侧的距离为 272mm。根据这些信息可以将画板模块固定在操作平台的唯一位置处。

按照画板模块的识读方法，还可以读出协作机器人、六轴机器人、触摸屏组件等装配信息。

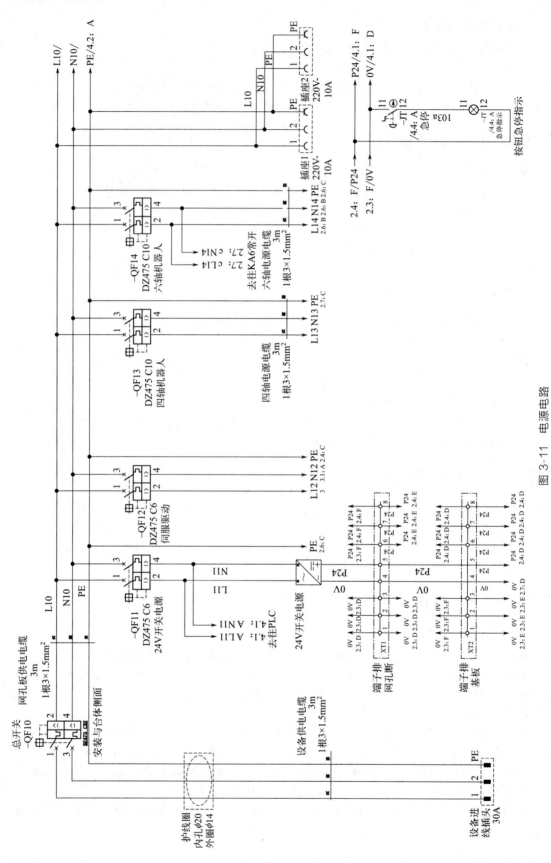

图 3-11 电源电路

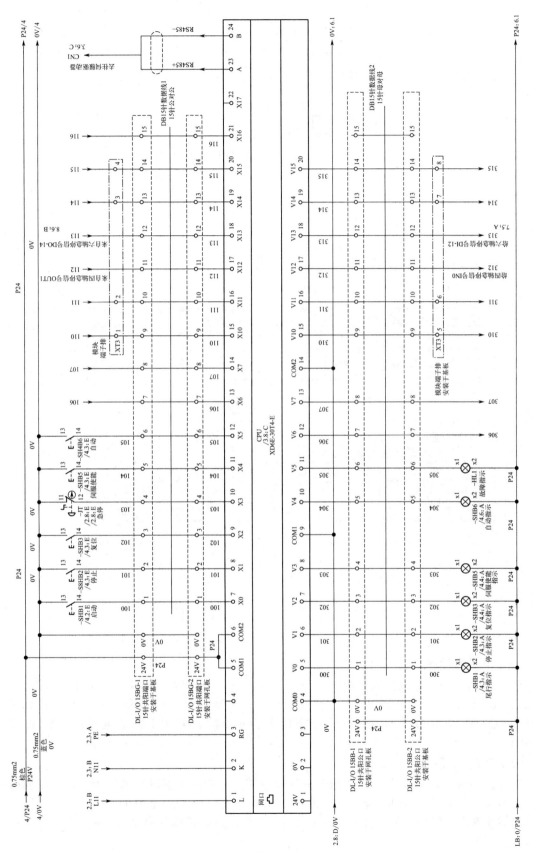

图 3-12　CPU 信号图

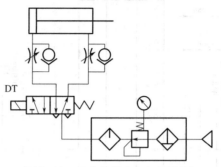

图 3-13 工业机器人气缸回路图

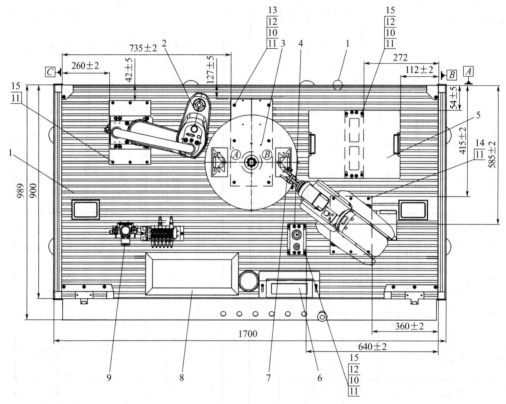

图 3-14 典型工作站机械装配图

（2）电气原理图

图 3-15 所示为工业机器人系统的部分电气原理图。该图中模块端子排的名称为 XT3。在 XT3 端子排上，110 号线和 111 号线分别接到了冲压气缸下降位和上升位的磁性开关 SQ4 和 SQ3 上；314 号线和 315 号线分别接在了冲压阀上升和下降的电磁阀 VY202 和 VY203 上。

（3）气动原理图

图 3-16 所示为工业机器人系统的部分气动原理图，在图中能够找到气动三联件、四轴工业机器人真空系统、六轴工业机器人夹具、六轴工业机器人真空系统的回路。在各回路上，能够找到电磁阀标号及气管的颜色和尺寸。除此之外，根据气动原理图还能分析出各回路的工作原理。

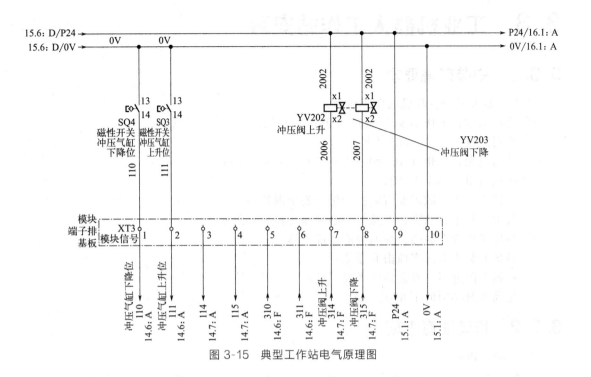

图 3-15 典型工作站电气原理图

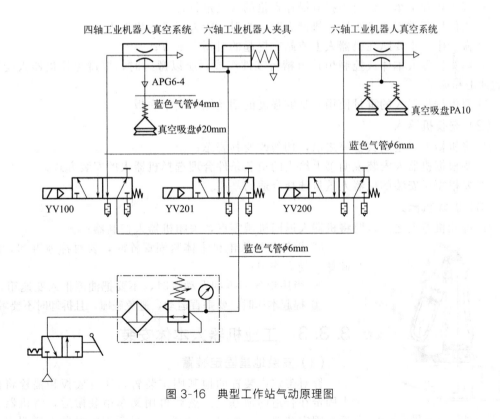

图 3-16 典型工作站气动原理图

3.3　工业机器人工作站安装

3.3.1　安装环境要求

工业机器人对安装环境的要求包括：

① 环境温度：工作温度 5～45℃，运输储存温度 −40～−60℃；

② 相对湿度：20%～80%RH；

③ 动力电源：三相（AC）200/220V±（10%～15%）；

④ 接地电阻：小于 100Ω；

⑤ 机器人工作区域需要有防护措施（安全围栏）；

⑥ 灰尘、泥土、油雾、水蒸气等必须保持在最小限度；

⑦ 环境必须没有易燃、易腐蚀液体或气体；

⑧ 设备安装要求远离撞击和振源；

⑨ 机器人附近不能有强的电子噪声源；

⑩ 振动等级必须低于 68dB（A）。

3.3.2　拆装注意事项

（1）搬运机器人

当搬运机器人或机器人相关零件到安装位置时，必须严格遵守以下注意事项：

① 起重机和叉车操作要委托有操作资格的人员进行；

② 当使用起重机或叉车搬运机器人时，绝对不能人工支承机器人；

③ 搬运中，不要趴在机器人上或站在提起的机器人下方；

④ 因为机器人本体或控制柜是由精密零件组成，所以搬运时，要避免让机器人受到过分的冲击和振动；

⑤ 要根据机器人的重量使用有足够强度的钢丝绳和支承底板。

（2）安装机器人

① 将机器人固定到其基座之前，切勿改变其姿态；

② 要根据机器人安装说明书上给出的负载条件合理选择机器人的安装方式；

③ 要根据所安装的机器人重量选择合适的基座。

（3）拆除机器人

① 拆除机器人之前，要将机器人返回机械零点，关闭机器人控制器；

② 拆卸机器人电机主体紧固螺栓时，要对称地拆卸，使拆卸螺栓受力均匀；

③ 当用螺丝刀拆卸发动机时，不要把油漆推入变速箱；

④ 提起本体时，要垂直运动，避免碰撞，且拆卸时不要触地。

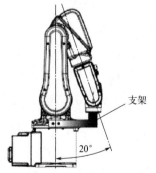

支架

20°

图 3-17　叉车吊装搬运

3.3.3　工业机器人本体安装

（1）安装地基固定装置

针对带定中装置的地基固定装置，通过底板和锚栓将机器人固定在合适的地基上。然后再用叉车吊装搬运，将机器人搬运至固定装置上，如图 3-17 所示。最后根据机器人说明书上的工作空间范围，结合实际情况，排除与其他物体碰撞的风险。

（2）固定机器人

将机器人的本体放到合适位置后，需要保证安装牢固可靠，因此使用螺栓连接机器人底座与基座，底板的厚度不少于 20mm，如图 3-18 所示。

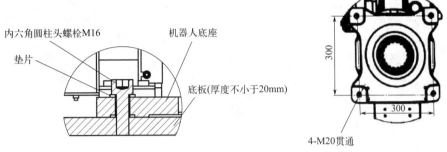

图 3-18　固顶机器人

3.3.4　工业机器人与控制柜连接

机器人本体与控制柜之间需要三条连接电缆：动力电缆、SMB 电缆和示教器电缆。三条电缆的插头和插口都有防错机制和标识，其中动力电缆一端标注为 XP1，另一端标注为 R1.MP；SMB 电缆一端是直头，另一端是弯头；示教器电缆线为红色。具体的连接方法如下。

（1）动力电缆

把标注为 XP1 的插头接入控制柜对应插口，将另一端 R1.MP 插头接入机器人本体底座的插口上，如图 3-19 和图 3-20 所示。

图 3-19　XP1 插头

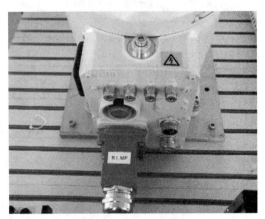

图 3-20　R1.MP 插头

（2）SMB 电缆

把直型插头插入控制柜 XS2 插口，把弯型插头插入机器人本体底座 SMB 插口，如图 3-21 和图 3-22 所示。

（3）示教器电缆

把示教器放到示教器支架上，插头接入控制柜 XS4 端口，如图 3-23 和图 3-24 所示。

图 3-21 直型插头

图 3-22 弯型插头

图 3-23 示教器

图 3-24 控制柜

思考与练习

3-1 请列举出两种常见的工业机器人安装工具及两种常见的工业机器人测量工具，说明其用途。

3-2 工业机器人工作站的技术文件分为机械装配图、电气原理图和气动原理图，在以上三种技术文件中分别可以识读出哪些信息？

3-3 在安装工业机器人时，有哪些注意事项？

第 4 章

工业机器人校对与调试

知识目标

① 熟悉工业机器人零点校对的作用与适用条件。
② 掌握工业机器人零点校对的基本方法。
③ 掌握工业机器人运行调试的基本方法。

能力目标

① 能够根据实际需要对工业机器人进行零点校对。
② 具备对工业机器人主要运行参数进行调试的能力。

4.1 工业机器人零点校对

工业机器人的零点是指在基坐标系下机器人的一个初始位置，由各轴的零点共同确定，通常是在设备出厂时候设定好的，机器人的各类移动和转动均可以此为参照完成。准确可靠的零点，可以确保工业机器人在运行过程中达到最高的点精度和轨迹精度，或者完全能够以编程设定的动作运动。在日常使用中，只需要正常使用零点即可，但是当机器人发生一些可能破坏零点的特殊状况时，则需要对零点进行标定。这些特殊状况通常包括以下几种：

① 工业机器人在运动中发生了碰撞；
② 使用控制器以外的其他方式移动了工业机器人的各轴；
③ 更换了齿轮箱或伺服电机；
④ 对定位、运动等零部件进行了相关的机械修理；
⑤ 编码器电源线断开或更换编码器。

4.1.1 对齐同步标记与重置零位

工业机器人厂家在设备出厂时，通常会为其零点设定物理标记，以便能够在需要的时候重新设置零位。

对齐同步标记可以采用手动操作的方式，在关节坐标系下，分别控制每个轴回到物理标记的零点附近，如图 4-1 所示。

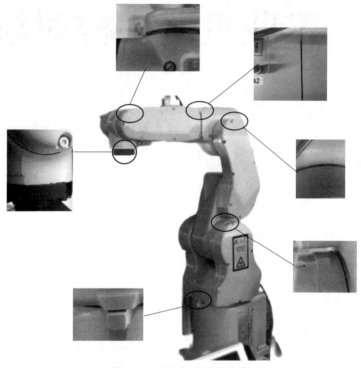

图 4-1 同步标记对齐位置

在各轴回到物理标记的零点位置时，可以同时在示教器＞监控＞驱动器界面进行重置零位操作，如图 4-2 所示。依次将各轴当前零点位置信息存储在控制器中，实现机器人各轴空间位置与控制器坐标系统的关联，即实现新的零位设定。

更多具体操作参考本书实操部分对应章节。

图 4-2 示教器重置零位界面

4.1.2 重置伺服电机编码器

伺服电机编码器是一种用于对伺服电机运动范围进行计量的电子器件，需要由独立的电池进行持续供电，以确保能够对机器人各轴的位置进行准确地记录。编码器一般可以分为绝对式编码器和增量式编码器。绝对式编码器可以记录伺服电机的绝对位置，即驱动器能够在上电后直接读取当前的电机位置而不需要返回原点。增量式编码器则需要返回原点，从头开始计量电机的运动位置。工业机器人伺服电机编码器通常采用绝对式。

当出现编码器供电电池电量不足或者机器人断电后以非正常方式移动了机器人的手臂等情况时，需要按 4.1.1 节中的操作将机器人各轴返回零点位置，并对编码器进行重置，以确保控制器内部位置数据和电机编码器反馈的数据保持一致，如图 4-3 所示。只有两者数据一致的情况下，才能确保机器人的运行位置准确。

图 4-3

图 4-3　重置编码器操作流程

4.2　工业机器人调试

机器人系统安装完成后，需要对其进行初步的试运行，测试工业机器人各轴，观察工业机器人各关节轴运行是否顺畅无异响、能否达到工业机器人工作范围的极限位置等。工业机器人调试可以为后续其他操作做好准备。

4.2.1　功能部件运行调试

我们已经知道，工业机器人主要由本体、控制器和示教器三个主要部分组成。在完成工业机器人的安装后，需要对其进行调试，以验证基本功能。

（1）示教器的使用

尽管不同品牌机器人厂家的示教器（图 4-4）外形和布局存在差异，但是主要功能基本一致。

图 4-4　不同品牌示教器

使能开关（图 4-5）的主要功能是使机器人伺服驱动器上电。使能开关共有包括初始位置在内的三个挡位：处在初始位置时为第 0 挡，使能关闭，则驱动器不能得电，机器人无法运动；手指轻按使能开关进入第 1 挡，使能开启，驱动器得电，机器人各轴可以在控制下运动；手指继续用力按下使能开关，进入第 2 挡，使能关闭，驱动器断电，机器人无法运动，并且此时松开使能开关，直接复位到初始位置。进行使能开关测试时，要注意各挡位切换是否灵敏，不应出现卡顿情况，并且可以结合后面的轴动按键，进一步验证其功能。

轴动按键是指示教器上用于控制机器人各轴运动的按键，通常有六组，分别对应六轴机

器人的 6 个轴或 6 个自由度方向，每组包括正向和反向两个按键，对应符号分别是"＋"和
"一"，如图 4-6 所示。

图 4-5　使能开关　　　　　　　　　　　　　图 4-6　按键图

在手动模式下，可以通过分别按下各键检测其功能。需要注意的是，轴动按键要与使能
开关配合使用。在世界坐标系下，第 1 组轴动按键的"＋"和"一"对应机器人末端执行器
沿 X 轴正向和负向移动；第 2 组轴动按键的"＋"和"一"对应机器人末端执行器沿 Y 轴
正向和负向移动；第 3 组轴动按键的"＋"和"一"对应机器人末端执行器沿 Z 轴正向和负
向移动；第 4 组轴动按键的"＋"和"一"对应机器人末端执行器绕 X 轴正向和负向转动；
第 5 组轴动按键的"＋"和"一"对应机器人末端执行器绕 Y 轴正向和负向转动；第 6 组轴动
按键的"＋"和"一"对应机器人末端执行器绕 Z 轴正向和负向转动，如图 4-7 所示。

加减速按键，如图 4-6 所示，主要是用于工业机器人运行速度在允许范围内的调整，
"＋"键每按一次，可以使机器人运行速度增加 1%，"一"键每按一次，可以使机器人运行
速度减少 1%。特别是在机器人运行过程中，按键也可以实现速度的调节。

在不能控制机器人自动运行之前，加减速按键的功能测试只需要按下相应按键，并观察
示教器显示区中速度百分比变化情况即可。速度显示位置如图 4-8 所示。

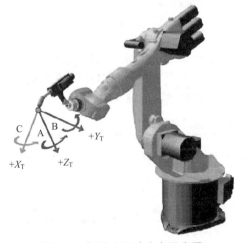

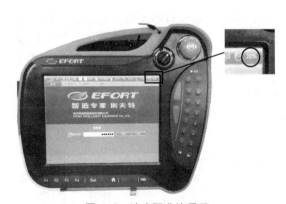

图 4-7　机器人运动方向示意图　　　　　　　图 4-8　速度百分比显示

（2）急停旋钮

急停旋钮可以说是任何设备中的重要功能部件。在工业机器人系统中，通常会有三处急
停旋钮，分别位于示教器、平台面板和控制柜上面。

三处急停旋钮具有相同的功能，均可实现整个机器人系统的紧急停止。该功能的验证可以通过拍下急停旋钮后，观察示教器信息显示区的提示信息来完成，如图4-9所示。同时，还要注意各处急停旋钮拍下和旋起过程是否顺畅。

在工业机器人的实际使用中，因为操作人员不熟练引起的碰撞或者其他突发状况，会导致工业机器人安全保护机制的启动，从而使工业机器人紧急停止。当工业机器人紧急停止后，需要进行一些恢复操作才能使工业机器人恢复到正常的工作状态。

当工业机器人紧急停止后，工业机器人停止的位置可能会处于空旷区域，也可能被堵在障碍物之间。如果工业机器人处于空旷区域，可以选择手动操作工业机器人将其移动到安全位置。如果工业机器人被堵在障碍物之间，在障碍物容易移动的情况下，可以直接移动周围的障碍物，再手动操作工业机器人使其运动到安全位置；如果周围障碍物不容易移动，也很难通过手动操作将工业机器人移动到安全位置，那么可以选择松开急停按钮，然后手动操作工业机器人使其运动到安全位置。

（3）本体运行

工业机器人本体调试时，除了使用与示教器轴动按键相同的操作方法检验其在世界坐标系下的运动外，还要在关节坐标系下验证各轴的独立运动，即在示教器中将坐标系切换至关节坐标系后，同样进行轴动按键操作，观察各轴运动情况，如图4-10所示。

图4-9　急停提示信息

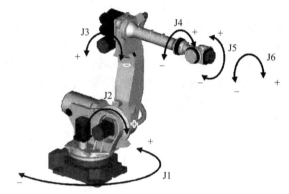

图4-10　各轴单独运动示意图

此外，还需要对照说明书检验各轴运动范围，以及到达极限位置后的机械限位功能。同样，在关节坐标系下，分别控制各轴低速运动至正负方向的极限位置，核对示教器上显示的坐标信息与说明书是否一致。表4-1为某型号工业机器人各轴运动范围参数。

表4-1　某型号工业机器人各轴运动范围参数

J1	$\pm167°$
J2	$+90°/-130°$
J3	$+101°/-71°$
J4	$\pm180°$
J5	$\pm113°$
J6	$\pm360°$

4.2.2　工业机器人运行参数及运行状态监测

工业机器人的运行参数及运行状态可以通过示教器进行监测。图4-11所示为工业机器人示教器显示界面布局，可以在对应位置查看机器人运行参数或对运行状态进行监测。

图 4-11 中序号指代的运行参数和运行状态说明如下。

1：工业机器人运行模式显示，包括手动慢速、手动全速和自动。通过示教器上的模式开关可以转换不同的运行模式，并在此处对应显示。其中，手动慢速模式下，机器人可以实现手动操作，且最高运行速度为额定速度的 20%；手动全速模式下，机器人同样可以进行手动操作，最高运行速度可以达到额定速度的 100%；自动模式下，机器人可以在运行程序的控制下自动运行，此时不能进行手动操作。

图 4-11　示教器显示界面布局

2：工业机器人坐标系类型显示，包括世界坐标系、关节坐标系、用户坐标系和工具坐标系。用触控笔点击图示中"关节"字样位置，会出现下拉菜单，可以进行选择，实现不同坐标系之间的切换。当选择工具坐标系或用户坐标系后，会将后面对应的工具坐标系或用户坐标系激活，成为当前的工作坐标系。

3：工业机器人运行速度，以额定速度百分比的形式显示。其数值表示工业机器人将在该速率下运动，并不代表当前工业机器人正在运动。该数值调整范围与前述"1"中机器人运行模式相关，在运行模式为手动慢速下，运行速度最高为 20%，其他两种模式下运行速度可达 100%。点击图示中"20%"字样处，会出现下拉菜单，可以根据需要进行选择。在手动慢速模式下，选择超过 20% 的数值时，会自动设定为 20%。如果需要设定其他速率值，可以参考 4.2.1 节中示教器部分加减速按键方式。

4：监控。该模块中可以对相关的运动信息和运动状态进行监测和设置，主要包括位置、IO、驱动器和现场总线四个方面的内容。

- 位置：用于显示各轴在坐标系中的实时坐标，包括关节坐标系和机器人坐标系两种类型（图 4-12）。

- IO：用于显示机器人系统的对外输入输出接口，包括本地和扩展两部分（图 4-13）。在这里可以手动控制电磁阀的通断。

图 4-12　位置信息监控界面

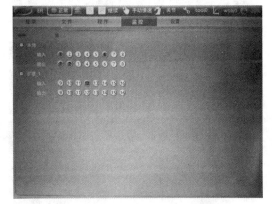

图 4-13　IO 接口信息监控界面

- 驱动器：用于显示机器人各轴的驱动器状态及其零位状态（图 4-14），同时可以通过重置零位和驱动器重置模块对驱动器进行设置。

● 现场总线：用于显示 Modbus 和 Profibus 总线协议下各输入输出信号的运行状态（图 4-15）。

 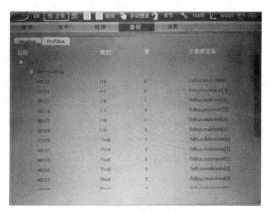

图 4-14　驱动器监控界面　　　　　　　图 4-15　现场总线监控界面

5：设置。该模块中包括系统、轴参数、DH 参数、切换 Logo、IO 配置、应用选择等各项内容，如图 4-16 所示。

● 轴参数：可以查看和修改各轴参数，主要包括最大角度、最小角度、最大速度、最小速度和最大加速度等内容，如图 4-17 所示。

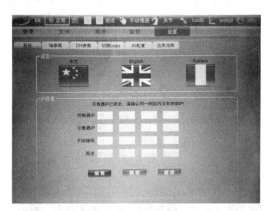 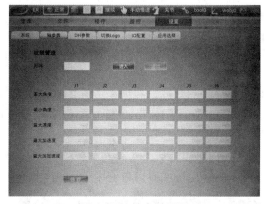

图 4-16　设置界面　　　　　　　　　　图 4-17　轴参数界面

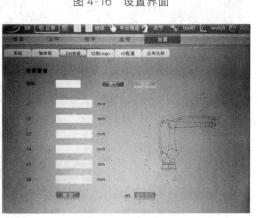

图 4-18　DH 参数界面

● DH 参数：可以查看和修改 DH 杆长参数，如图 4-18 所示。

在工业机器人控制面板上可以查看工业机器人运行状态的常用参数，有运行电流、电动机转矩百分比和碰撞信息。

运行电流是指在设备运行过程中，通过动力单元的电流值。设备的负载、运行方式和零部件状态等的变化，会引起运行电流的变化。因此，可以通过在控制面板中查看工业机器人的运行电流变化，对工业机器人运行状态做出判断。

　　电动机转矩百分比可以直观地反映出当前转矩与额定转矩之间的比例关系。对于工业机器人来说，可以通过控制面板查看每个轴的电机转矩百分比，由此可以看出每个轴的负载情况，从而可以对每个轴的转矩进行合理的分配，使工业机器人运行更加平稳流畅。

　　当工业机器人因受到意外碰撞停止后，控制面板的报警信息中将会保存相应的碰撞信息。上述报警信息记录可以提醒我们及时对工业机器人进行维护。

　　此外，程序运行调试将在本书其他章节说明。

4.3　工业机器人坐标系标定与验证

4.3.1　工具坐标系标定与验证

　　在不同的工作条件下，工业机器人通常需要配置不同的末端执行器，即工具，如图 4-19 所示。该工具的几何尺寸、作业方向等物理参数需要在实际使用前进行定义，并以数组变量的形式储存在机器人系统中，称为工具数据。工具数据通常是以工具中心点（TCP）结合该工具在机器人坐标系中的坐标方位的形式确定，所以也称之为工具坐标系。

图 4-19　工业机器人安装不同工具

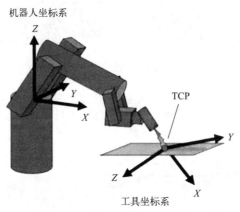

图 4-20　工具坐标系与机器人坐标系对比

　　工业机器人默认的工具坐标系是 tool0，它的工具中心点位于末端轴安装法兰的中心。当利用控制点不变的操作方法进行示教操作时，该工具坐标系并不能满足其他新增加的末端执行器的准确便捷操作。因此，需要根据不同末端执行器的具体情况，建立对应的工具坐标系，这样可以使末端执行器的姿态调整更加方便，而且插补运算所得到的轨迹也更为精准。如图 4-20 所示。

常用的工具坐标系的标定方法有三点法、四点法、六点法、直接示教法等。各类工业机器人厂家大多会将工具坐标系标定的方法作为一个功能模块，集成在控制系统中，通过示教器的简单操作即可完成。其基本操作步骤如下：

① 选定一个固定尖端，作为标定参考点；

② 在示教器主页界面，选择工具坐标系；

③ 在下拉菜单中选择一个名称，例如 tool3，并点击"标定"；

④ 按照示教器步骤提示，依次完成各点的标定操作。

图 4-21 所示为四点法标定的位置示意图。

图 4-21　四点法标定参考位置示意图

工具坐标系是以工具中心点（TCP）为参考点建立的坐标系，因此 TCP 是在工具坐标系下机器人各轴运动的原点，即相对固定点。可以基于这一特征对工具坐标系的标定结果进行验证。

4.3.2　用户坐标系标定与验证

用户坐标系又称工件坐标系，是参考工业机器人坐标系进行设定的偏转坐标系，由工件原点和坐标方位组成。设定用户坐标系主要有以下两方面原因：

① 当工件的作业表面不与大地坐标系正交时，通过设定与工件作业面正交的坐标系，可以简化示教编程［图 4-22(a)］；

② 当多个工件在操作台的不同位置进行相同操作时，可以通过变换工件坐标系，省去重复［图 4-22(b)］。

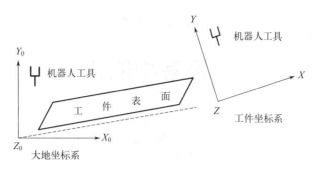

(a) 倾斜表面工件坐标系

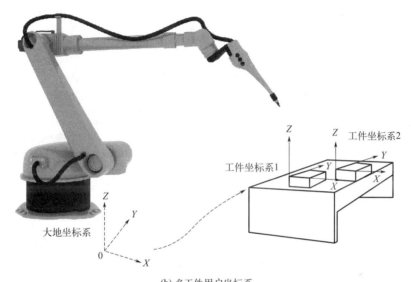

(b) 多工件用户坐标系

图 4-22　用户坐标系建立

用户坐标系的标定方法可以参考以下步骤：

① 确认需要进行标定的工件平面；

② 进入示教器主页界面，选择用户坐标系；

③ 在下拉菜单中选择一个名称，例如 wobj3，并点击"标定"；

④ 按示教器步骤提示，依次完成各点的标定操作。图 4-23 所示为用户坐标系标定位置示意图。

用户坐标系是根据工件的作业平面建立的，其方位特征与工件的作业平面保持一致。可以基于这一特征对标定完成的用户坐标系进行验证。

图 4-23　用户坐标系标定位置示意图

更多具体操作步骤参见本书实操部分相应章节。

思考与练习

4-1　简述需要对工业机器人进行零点校对的情况。

4-2　简述工具坐标系验证的基本原理和方法。

4-3　说明需要建立用户坐标系的原因。

第 5 章

工业机器人操作与编程

知识目标

① 熟悉埃夫特和 ABB 工业机器人示教器界面功能。
② 掌握埃夫特和 ABB 工业机器人示教器的操作方法。
③ 熟悉埃夫特和 ABB 工业机器人坐标系概念。
④ 掌握埃夫特和 ABB 工业机器人手动操作运动方式。
⑤ 掌握埃夫特和 ABB 工业机器人的运行模式。

能力目标

① 学会查看和设置工业机器人系统参数。
② 能通过示教器正确操纵工业机器人。
③ 学会调试和运行程序。
④ 学会工业机器人数据备份和恢复。
⑤ 学会工业机器人的简单编程。

5.1 工业机器人编程语言

（1）机器人编程语言类型

伴随着机器人的发展，机器人语言也得到了不断发展和完善。早期的机器人由于功能单一、动作简单，可采用固定程序或者示教方式来控制机器人的运动。随着机器人作业动作的多样化和作业环境的复杂化，依靠固定的程序或示教方式已经满足不了要求，必须依靠能适应作业和环境随时变化的机器人语言来完成机器人编程工作。

目前，工业机器人编程语言按照作业描述水平的高低分为动作级、对象级和任务级三类。

① 动作级编程语言。动作级编程语言是最低级的机器人语言。它以机器人的运动描述为主，通常一条指令对应机器人的一个动作，表示机器人从一个位姿运动到另一个位姿。动

作级编程语言的优点是比较简单、编程容易。其缺点是功能有限，无法进行繁复的数学运算，不接收浮点数和字符串，子程序不含有自变量；不能接收复杂的传感器信息，只能接收传感器开关信息；与计算机的通信能力很差。典型的动作级编程语言为 VAL 语言，如VAL 语言语句"MOVE TO（destination）"的含义为机器人从当前位姿运动到目的位姿。动作级编程语言编程时分为关节级编程和末端执行器级编程两种。

a. 关节级编程。关节级编程是以机器人的关节为对象，编程时给出机器人一系列关节位置的时间序列，在关节坐标系中进行的一种编程方法。对于直角坐标型机器人和圆柱坐标型机器人，由于直角坐标和圆柱关节的表示比较简单，这种方法编程较为适用；而对具有回转关节的关节型机器人，由于关节位置的时间序列表示困难，即使一个简单的动作也要经过许多复杂的运算，故这一方法并不适用。关节级编程可以通过简单的编程指令来实现，也可以通过示教盒示教和键入示教实现。

b. 末端执行器级编程。末端执行器级编程在机器人作业空间的直角坐标系中进行。在此直角坐标系中给出了机器人末端执行器一系列位姿组成的时间序列，连同其他一些辅助功能如力觉、触觉、视觉等的时间序列，同时确定作业量、作业工具等，协调地进行机器人动作的控制。这种编程方法允许有简单的条件分支，有感知功能，可以选择和设定工具，有时还有并行功能，数据实时处理能力强。

② 对象级编程语言。对象级编程语言是描述操作对象即作业物体本身动作的语言。它不需要描述机器人手爪的运动，只要由编程人员用程序的形式给出作业本身顺序过程的描述和环境模型的描述，即描述不同操作对象之间的关系，通过编译程序，机器人即能知道如何动作。

③ 任务级编程语言。任务级编程语言是比前两类更高级的一种语言，也是最理想的机器人编程语言。这类语言不需要用机器人的动作来描述作业任务，也不需要描述机器人对象物的中间状态过程，只需要按照某种规则描述机器人对象物的初始状态和最终目标状态，机器人语言系统即可利用已有的环境信息和知识库、数据库自动进行推理、计算，从而自动生成机器人详细的动作、顺序和数据。

（2）机器人编程语言系统结构

机器人编程语言实际上是一个语言系统，包括硬件、软件和被控设备。具体而言，机器人语言系统包括语言本身、机器人控制柜、机器人、作业对象、周围环境和外围设备接口等。

机器人语言操作系统包括三个基本的操作状态：监控状态、编辑状态和执行状态。

监控状态供操作者实现对整个系统的监督控制。在监控状态下，操作者可以用示教盒定义机器人在空间的位置、设置机器人的运动速度、存储或调出程序等。

编辑状态供操作者编制程序或编辑程序。尽管不同语言的编辑操作不同，但一般均包括写入指令、修改或删去指令及插入指令等。

执行状态是执行机器人程序的状态。

（3）机器人编程语言的基本功能

机器人编程语言的基本功能包括运算、决策、通信等。这些基本功能都是通过机器人系统软件来实现的。

（4）机器人编程要求

目前工业机器人常用编程方法有示教编程和离线编程两种。一般在调试阶段，可以通过示教器对编译好的程序进行逐步执行、检查、修正，等程序完全调试成功后，即可正式投入使用。不管使用何种语言，机器人编程过程都要求能够通过语言进行程序的编译，能够把机器人的源程序转换成机器码，以便机器人控制系统能直接读取和执行。一般情况下，机器人的编程系统必须做到以下几点：

① 建立世界坐标系及其他坐标系；
② 描述机器人作业情况；
③ 描述机器人运动；
④ 用户规定执行流程；
⑤ 良好的编程环境。

5.2　埃夫特工业机器人基本操作

5.2.1　示教器操作环境配置

设置 App 界面用于设置系统、轴参数、DH 参数、切换 Logo、IO 配置、应用选择。其中系统设置包括语言设置和 IP 设置。

（1）系统设置

系统设置上半区为语言设置。语言设置用于切换界面显示语言。如图 5-1 所示，首先通过点击"设置"进入语言设置界面，目前提供汉语、英语和意大利语三种语言，点击显示的国旗图标切换到对应国家的语言（意大利语设置功能暂未开放）。

系统设置下半区为 IP 设置。IP 设置界面用于设置控制器 IP 地址、示教器 IP 地址、子网掩码和网关。

注意：若输入 IP 后仍想保留原 IP 设置，则点击"放弃"恢复原 IP 设置。IP 地址改变后需要重启控制器才能生效。

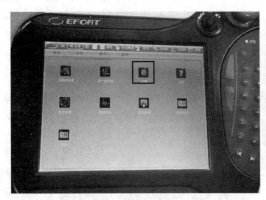 

(a) 系统设置界面　　　　　　　　　　　　　　　(b) 语言设置界面

图 5-1　语言系统设置

（2）轴参数设置

可以通过轴参数设置界面查看和修改轴参数，如图 5-2 所示。

注意：机器人在出厂时已经设置合适的轴参数，任务目的主要是掌握修改方法，请勿随意修改。

（3）DH 参数设置

可以通过 DH 参数设置界面查看 DH（杆长）参数和修改参数，如图 5-3 所示。

注意：机器人在出厂时已经设置正确的 DH 参数，任务目的主要是掌握修改方法，请勿随意修改。

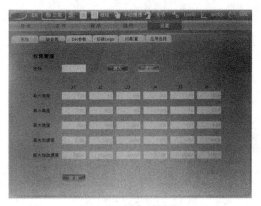

图 5-2 轴参数设置

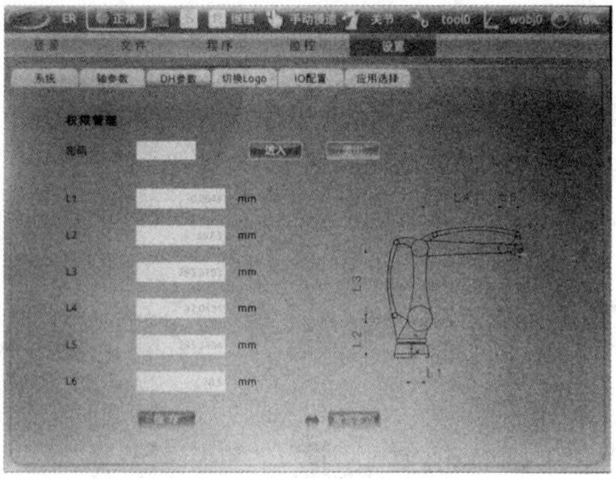

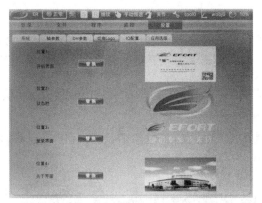

图 5-3 DH 参数设置

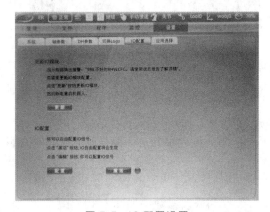

图 5-4 切换 Logo 设置

（4）切换 Logo 设置

前期准备：在 U 盘中导入需要切换的 Logo 图片，该图片格式为 png，不支持其他格式的图片。目前在示教器上需要替换 4 处 Logo，分别为开机 Logo、状态栏 Logo、登录界面 Logo 和关于界面 Logo，如图 5-4 所示。因此客户需要准备该 4 处的 Logo 图片。

（5）IO 配置设置

硬件 IO 配置功能主要分为两部分：更新 IO 模块数量及通用 IO 自由配置。通过该功能，用户可以自由配置 IO 数量及通用功能 IO 口，如图 5-5 所示。

（6）应用选择设置

进入应用选择设置界面，首先要输入密码，点击"进入"按钮，若要修改其中的参数（注意应用 1~4 不允许修改），输入完后，点击"保存"，如图 5-6 所示。注意：保存后重启机器人，配置才能生效。

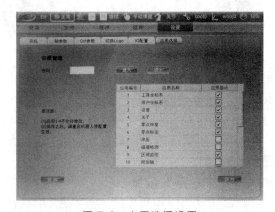

图 5-5 IO 配置设置

图 5-6 应用选择设置

5.2.2　工业机器人运行模式及运行速度设置

（1）机器人运行模式

机器人运行模式包括：自动、手动慢速、手动全速。

自动：机器人程序可以自动运行。

手动慢速：机器人程序必须手动操作，按压示教器使能下运行，运行速度不超过 20%。

手动全速：机器人程序必须手动操作，按压示教器使能下运行，运行速度可以设置到 100%。

利用示教器上的模式旋钮可以切换三种运行模式，如图 5-7 所示。

（2）手动模式下速度设置

手动慢速模式下，速度可设置为最大速度的 1%～20%；手动全速模式下，速度可设置为最大速度的 1%～100%。

① 按钮调节手动速度。如图 5-8 中（a）所示，通过点击示教器下方"V+"按钮，可以增加速度。通过点击示教器下方"V−"按钮，降低速度。可以通过长按的方式，进行快速加减。

② 快速调节手动速度。如图 5-8 中（b）所示，点击示教器状态栏速度显示区，即可设置响应的速度参数。注意：在手动慢速的情况下，点击超过 20% 的速度设置值，最终设置的速度大小都为 20%。

图 5-7　示教器模式旋钮

（a）按钮调节手动速度

（b）快速调节手动速度

图 5-8　手动模式速度设置

5.2.3　工业机器人坐标系设定

（1）坐标系的定义

坐标系是为确定机器人的位置和姿态而在机器人或空间上进行定义的位置指标系统。

（2）坐标系的分类

机器人坐标系可以分为以下几种：关节坐标系、世界坐标系、工具坐标系、工件坐标系（用户坐标系），如图 5-9 和图 5-10 所示。埃夫特本体的示教器坐标系显示如图 5-11 所示，共分为关节坐标系、机器人坐标系、工具坐标系和用户坐标系。

5.2.4　工业机器人紧急停止与复位

当机器人通电运行时，如果发生碰撞或者伤害到人身，应按下急停按钮，使机器人紧急

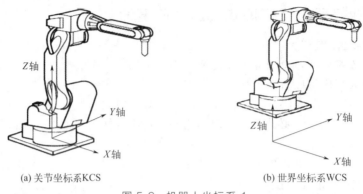

图 5-9　机器人坐标系 1

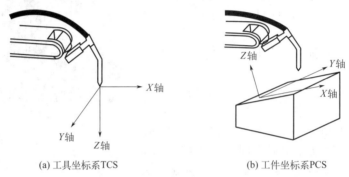

图 5-10　机器人坐标系 2

图 5-11　埃夫特本体示教器坐标系

停止。工业机器人技术应用系统有三处急停按钮，如图 5-12 所示，分别为控制面板上的急停按钮、控制柜上的急停按钮和示教器上的急停按钮。当外部故障排除之后，并且确保机器人处于安全状态时，可恢复急停，机器人即可以正常运行。

5.2.5　查看工业机器人常用信息

通过点击示教器监控按钮，查看机器人的各种状态信息，可以了解、掌握机器人的运行状态。机器人可查看的信息有日志信息、IO 信息以及工业机器人当前坐标系下的位置信息等。

(a) 控制面板急停按钮

(b) 控制柜急停按钮

(c) 示教器急停按钮

图 5-12　工业机器人技术应用系统急停按钮

（1）查看日志信息

在状态栏日志图标显示为红色"Error"的情况下，若没有报警提示窗显示，则按示教器上 F1 键，唤出报警窗，如图 5-13 所示。点击报警窗左侧报警列表选中报警信息，在报警窗右侧查看报警的原因及处理方法。一次浏览所有报警，并按给出的解决方案排除所有错误；然后，点击报警窗右上角的感叹号图标"⚠"清除所有报警。

（2）查看当前坐标位置信息

埃夫特机器人当前坐标位置信息如图 5-14 所示。操作步骤为：状态栏点击"监控""位置"进入机器人位置监控界面；从左侧列表"关节坐标系"中读取当前机器人的关节坐标值；从右侧列表"机器人坐标系"中读取当前机器人坐标系下机器人的位置信息。

图 5-13　埃夫特机器人日志信息

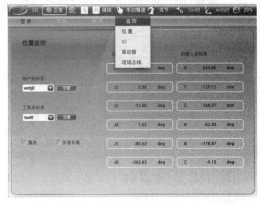

图 5-14　埃夫特机器人当前坐标位置信息

（3）查看 IO 信息

状态栏点击"监控""IO"进入机器人 IO 监控界面，如图 5-15(a) 所示。点击 IO 模块名"扩展_1"前的"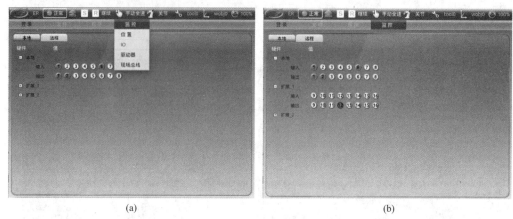"展开该模块的监控界面，查看该 IO 模块所有 IO 接口的信号状态，如图 5-15(b) 所示，双击输出列表中的 12 号接口，对 12 号输出接口进行强制输出（界面中被强制的 IO 输出接口会有红圈环绕），并查看电柜中 12 号 IO 输出接口是否发生相应变化。该界面用来快速实现夹爪的打开和关闭或吸盘的吸气和充气。

(a) (b)

图 5-15 IO 监控界面

5.2.6 程序调试与运行

（1）手动调试程序

输入样例程序后，需要进行轨迹点位的手动确认，检查是否有明显错误。确认无误后，

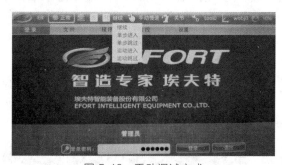

图 5-16 手动调试方式

方可进行程序的自动运行。在手动运行程序时，一定要把机器人速率设置在 10%，如果在手动示教机器人过程中有干涉、碰撞等现象，一定要立即停机，将其运行轨迹点重新示教，避开干涉零部件。

程序手动调试最常用的方式为单步进入和继续，如图 5-16 所示。

① 单步进入。"单步进入"是程序每执行一行后都将停下。当执行子程序时会进入子程序的界面。

在运行程序前，需要将机器人伺服使能（将模式旋钮切换到手动模式，并按下使能开关）。点击"F3"或点击状态栏文字按钮切换至"单步进入"状态。

② 继续。"继续"是程序开始执行后，一直运行到程序末尾结束执行。

在运行程序前，需要将机器人伺服使能（将模式旋钮切换到手动模式，并按下使能开关；点击"F3"或点击状态栏文字按钮切换至"继续"状态。该过程与"单步进入"相似。

与"单步进入"不同之处在于，当程序从某一行开始执行后，一直运行到程序末尾结束。在运行过程中点击"Stop"按钮，程序暂停运行；再按下"Start"按钮，程序能够继续执行。

（2）自动运行程序

将模式旋钮切换到自动模式，并分别按下控制柜绿色按钮和示教器上"PWR"功能键，启动机器人使其自动运行。在低速情况下完成一个工作循环之后，机器人运行速度逐渐加快

最终达到全速。

5.3　ABB 工业机器人基本操作

5.3.1　示教器操作环境配置

图 5-17 所示是 ABB 工业机器人示教器的界面，其各部分的名称如图所示。

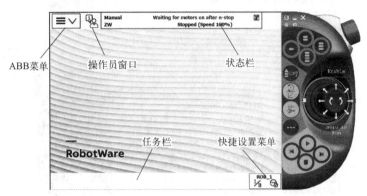

图 5-17　ABB 机器人示教器

ABB 工业机器人示教器在出厂时，默认的显示语言为英语，如图 5-18 所示。为了便于操作，可以更改当前的显示语言，更改后，所有按钮、菜单和对话框都将以新语言显示，而指令、变量、系统参数和 I/O 信号则不受影响。

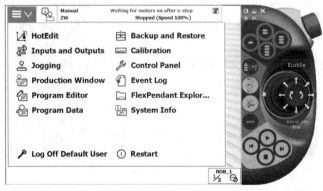

图 5-18　ABB 机器人显示语言

若要设置语言为中文，首先点击"ABB 菜单"，在其中选择"Control Panel"，如图 5-19 所示。

在新打开的界面中选择"Language"，如图 5-20 所示。

在列表中选择"Chinese"，并点击"OK"，如图 5-21 所示。点击"OK"后，示教器会重启，重启后界面会变为中文，如图 5-22 所示。

同时为了便于文件的管理和故障的查阅，在 ABB 工业机器人运行之前，通常需要将系统时间设定为本地区的时间，日期和时间总是按照 ISO 标准显示，即年-月-日和小时：分钟，时间模式采用 24 小时制。如要将时间设定为北京时间，首先点击"ABB 菜单"，在其中选择"日期和时间"来设定时间即可。

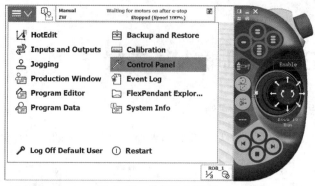

图 5-19　选择控制面板

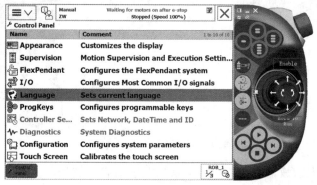

图 5-20　选择语言

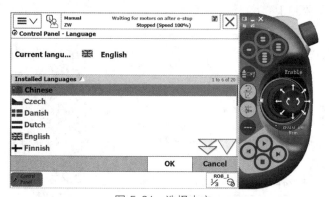

图 5-21　选择中文

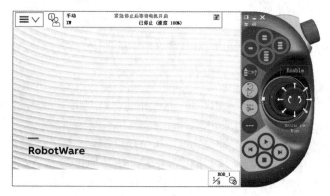

图 5-22　中文界面

5.3.2　工业机器人运行模式及运行速度设置

（1）运行模式的设置

ABB 工业机器人的运行模式包含自动模式、手动模式和手动全速模式，可以通过改变控制柜上旋钮钥匙开关的位置来选择，如图 5-23 所示。当旋钮处于左侧时为自动模式，处于中间时为手动模式，处于右侧时为手动全速模式。

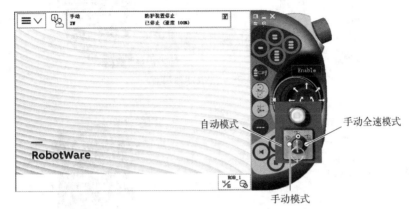

图 5-23　ABB 机器人运行模式的选择

ABB 工业机器人在手动操纵模式下有三种动作模式：单轴运动、线性运动和重定位运动。

① 单轴运动。确保 ABB 工业机器人处于手动操纵模式下（观察状态栏上的运行模式）：点击 "ABB 菜单"，选择 "手动操纵"，如图 5-24 所示。

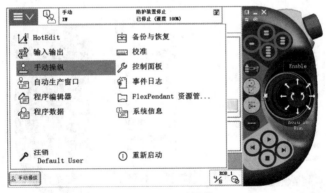

图 5-24　手动操纵

在手动操纵界面中选择动作模式，如图 5-25 所示。

在手动操纵-动作模式界面中，选择 "轴 1-3" 或 "轴 4-6"，点击 "确定"，如图 5-26 所示。然后按下使能按钮，确保机器人进入 "电机开启" 状态，操纵摇杆即可使机器人的 1、2、3 或 4、5、6 轴动作。其中 "操纵杆方向" 栏的箭头和数字代表各个轴运动时的正方向，如图 5-27 所示。

在单轴运动模式下，TCP 的位置和角度均发生改变。

② 线性运动。在手动操纵-动作模式界面中，选择 "线性"，点击 "确定"，如图 5-28 所示。然后按下使能按钮，确保机器人进入 "电机开启" 状态，操纵摇杆即可使机器人沿着

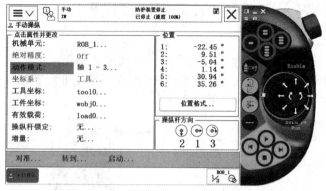

图 5-25 选择动作模式

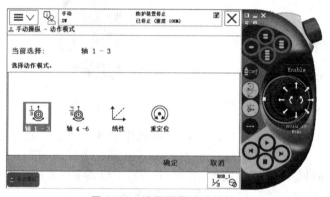

图 5-26 选择需要移动的轴

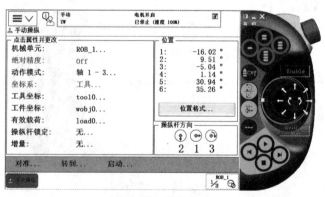

图 5-27 单轴运动

X、Y、Z 轴进行线性运动。其中"操纵杆方向"栏的箭头和数字代表各个轴运动时的正方向。如图 5-29 所示。

在线性运动模式下，TCP 的位置发生变化，角度不发生变化。

③ 重定位运动。在手动操纵-动作模式界面中，选择"重定位"，点击"确定"，如图 5-30 所示。然后按下使能按钮，确保机器人进入"电机开启"状态，操纵摇杆即可使机器人绕着 TCP 进行重定位运动，如图 5-31 所示。

在重定位运动模式下，TCP 的位置不发生变化，角度发生变化。

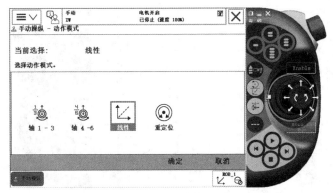

图 5-28　选择线性运动

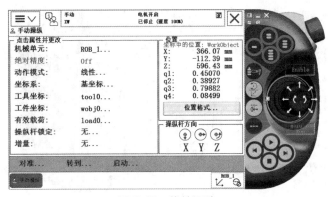

图 5-29　线性运动

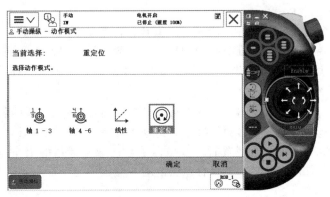

图 5-30　选择重定位运动

（2）运行速度的设置

如果要改变 ABB 机器人的运行速度，可以在 ABB 机器人示教器上点击快捷设置菜单，在列表中选择速度百分比调节。在这里可以选择±1％、±5％，或者将速度设置为最大速度的 0％、25％、50％和 100％，如图 5-32 所示。

5.3.3　工业机器人坐标系设定

ABB 工业机器人坐标系一般分为以下几种。

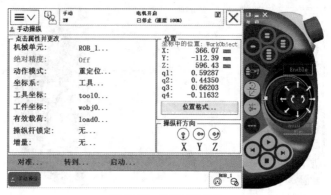

图 5-31   重定位运动

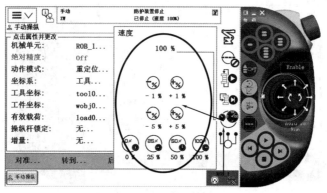

图 5-32   运行速度调节

（1）基坐标系

基坐标系是一个坐标系，没有机器人可以离开。它是一个基于机器人安装底座的直角坐标系，用于描述机器人本体在三维空间中的运动。一般来说，机器人的前后运动方向为基坐标系的 X 轴，左右运动方向为基坐标系的 Y 轴，上下运动方向为基坐标系的 Z 轴。

（2）地球坐标系

当有多个机器人连接时，或当机器人有外部轴时，将使用地球坐标系。地球坐标系是以地球为参考的直角坐标系。在大多数情况下，地球坐标系与基坐标系重合，但也有两种特殊情况：第一种特殊情况是机器人倒置时，基坐标系与地球坐标系的 Z 轴方向相反；第二种特殊情况是当机器人有外部轴时，基坐标系会随着机器人的运动而移动，但地球坐标系的位置只能固定，不能移动。

（3）工具坐标系

工具坐标系不是以机器人为原点，而是以工具为坐标系的原点。机器人的运动轨迹是指工具中心点（TCP）的运动轨迹。例如，ABB 焊接机器人在进行焊接操作时，可以将焊枪顶点作为工具坐标系的原点；当机器人用吸盘搬运工件时，工具坐标系的原点可以是吸盘表面中心点。

创建 ABB 工业机器人的工具坐标系可以采用四点法，具体的步骤如下：

① 首先点击"ABB 菜单"下的"手动操纵"，如图 5-33 所示。

② 然后单击"工具坐标"，如图 5-34 所示。

③ 在打开的界面中点击"新建"，如图 5-35 所示。

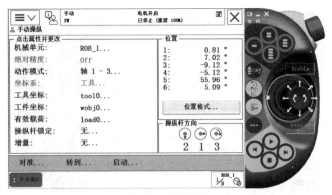

图 5-33　手动操纵

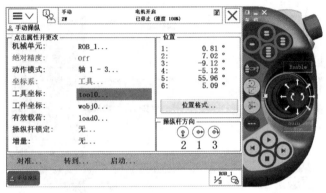

图 5-34　单击工具坐标

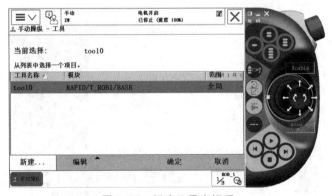

图 5-35　新建工具坐标系

④ 在打开的界面中设定好工具坐标系的名称后点击"确定"，如图 5-36 所示。

⑤ 接下来选中刚刚新建好的工具坐标系，点击"编辑"下的"定义"，如图 5-37 所示。

⑥ 在新打开的界面中，采用四点法，然后选中点 1，以第 1 个姿态接近基准工具的尖点，然后点击"修改位置"；继续选中点 2，以第 2 个姿态接近基准工具的尖点，然后点击"修改位置"；继续选中点 3，以第 3 个姿态接近基准工具的尖点，然后点击"修改位置"；最后选中点 4，以第 4 个垂直于基准工具的姿态接近基准工具的尖点，然后点击"修改位置"，如图 5-38 所示。

⑦ 点击"确定"，在新打开的界面中可以看到计算结果，如图 5-39 所示。这里需要注

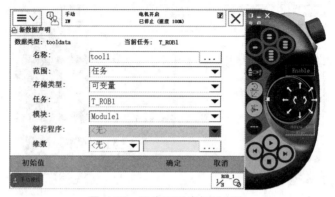

图 5-36　设定工具坐标系名称

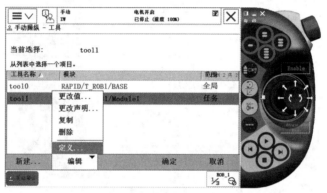

图 5-37　定义工具坐标系

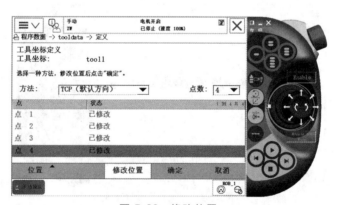

图 5-38　修改位置

意的是，最终产生的平均误差不能大于 0.5mm，如果大于的话就要重新进行工具坐标系的设定。

⑧ 完成后，选中刚刚新建的工具坐标系，点击"编辑"中的"更改值"，如图 5-40 所示。

⑨ 在新打开的界面中，将质量"mass"改为正数，例如"1"，再将"x""y""z"改为不相等的数，如图 5-41、图 5-42 所示。

⑩ 更改后点击"确定"，即可完成 ABB 机器人工具坐标系的创建。

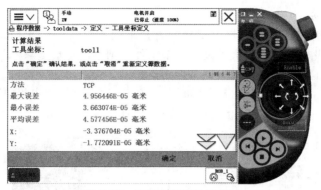

图 5-39　工具坐标系计算结果

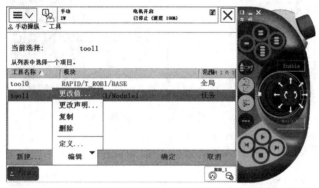

图 5-40　更改值

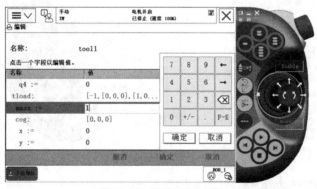

图 5-41　更改 mass 值

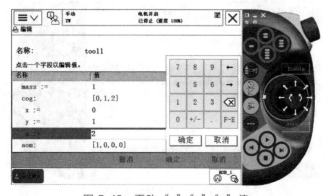

图 5-42　更改 "x" "y" "z" 值

（4）工件坐标系

工件坐标系是用于描述工件 TCP 运动的直角坐标系。例如，当机器人处理工件时，轨道编程已经完成，此时，若机器人处理另一个工件，则不需要重复编程，只需将之前的工件坐标系改为当前的工件坐标系，就可以事半功倍。

创建 ABB 工业机器人的工具坐标系可以采用三点法，具体的步骤如下：

① 首先点击"ABB 菜单"下的"手动操纵"，如图 5-43 所示。

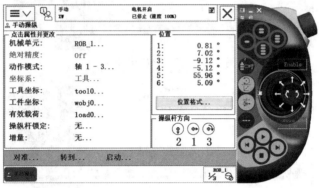

图 5-43 手动操纵

② 然后单击工件坐标，如图 5-44 所示。

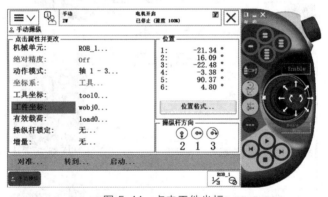

图 5-44 点击工件坐标

③ 在打开的界面中点击"新建"，如图 5-45 所示。

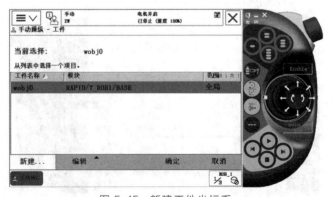

图 5-45 新建工件坐标系

④ 在打开的界面中设定好工件坐标系的名称后点击 "确定"，如图 5-46 所示。

图 5-46 设定工件坐标系名称

⑤ 接下来选中刚刚新建好的工件坐标系，点击 "编辑" 下的 "定义"，如图 5-47 所示。

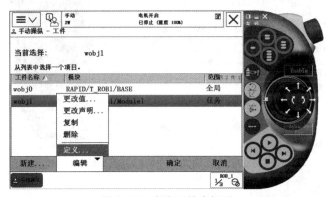

图 5-47 定义工件坐标系

⑥ 在新打开的界面中，"用户方法" 选择 "3 点"，如图 5-48 所示。

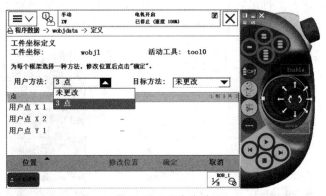

图 5-48 用户方法

这里工件坐标系需要标定的 3 个点分别为 "用户点 X1" "用户点 X2" 和 "用户点 Y1"，分别代表工件坐标系的坐标原点、X 轴坐标上的点和 Y 轴坐标上的点。

⑦ 接下来分别手动操纵工业机器人 TCP 到工件上待设置的坐标原点、X 轴坐标上的点和 Y 轴坐标上的点，然后点击 "修改位置"，即可完成三个点的标定，如图 5-49 所示。

⑧ 在新弹出的界面中可以查看计算结果，如图 5-50 所示。至此，工件坐标系创建完成。

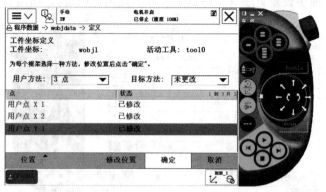

图 5-49　工件坐标系标定

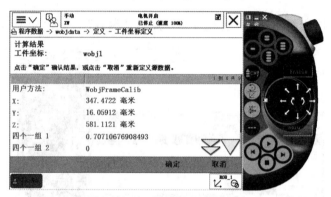

图 5-50　工件坐标系计算结果

5.3.4　工业机器人紧急停止与复位

紧急停止是一种超越操纵器任何控制的状态，该状态下将断开驱动电源与 ABB 操纵器的连接，并停止所有运动部件的运动。在出现紧急情况时，可以通过按下示教器上的急停按钮使工业机器人处于紧急停止状态，如图 5-51 所示。

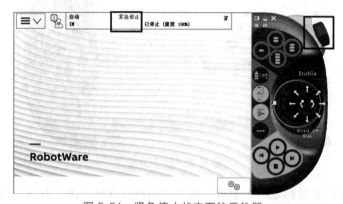

图 5-51　紧急停止状态下的示教器

紧急停止状态意味着所有电源都要与操纵器断开连接，手动制动闸释放电路除外。必须执行恢复步骤，即重置紧急停止按钮并按电机开启按钮，才能返回至正常操作。复位后，示教器上的急停报警消除，电机正常开启，就可以正常操作工业机器人了，如图 5-52 所示。

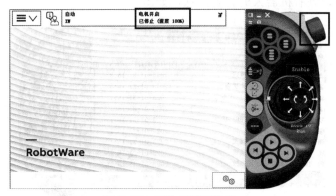

图 5-52　复位后的示教器

5.3.5　查看工业机器人常用信息

在操作工业机器人过程中，可以通过机器人的状态栏显示机器人的相关信息，如机器人的状态（手动、全速手动和自动）、机器人的系统信息、机器人电动机状态、程序运行状态及当前机器人或外轴的使用状态，如图 5-53 所示。

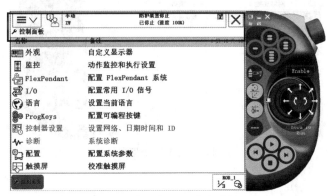

图 5-53　查看机器人状态栏信息

除了状态栏外，机器人常用信息和日志还可以在事件日志中查看。点击"ABB 菜单"选择"事件日志"，如图 5-54 所示。

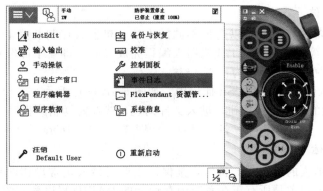

图 5-54　点击事件日志

点击后，就可以查看机器人的日志信息，如图 5-55 所示。

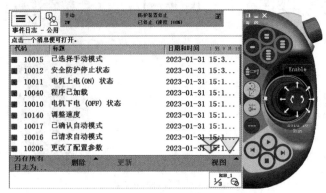

图 5-55　日志信息

在"ABB 菜单"中选择"系统信息"，还可以查看控制器属性、系统属性、硬件设备和软件资源等信息，如图 5-56 所示。

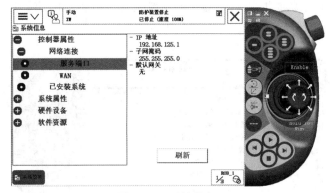

图 5-56　系统信息

5.4　工业机器人数据备份及恢复

5.4.1　工业机器人数据备份

（1）埃夫特本体

机器人数据的备份与恢复可以选择不同的方法。机器人控制装置上，为保存程序和文件，可以使用 U 盘等存储装置。工业机器人编程完成之后，将程序备份到 U 盘中，以便机器人程序丢失后恢复。具体步骤为：

① 将 U 盘插入到示教器的 USB 插口中，如图 5-57（a）所示。

② 点击状态栏的"文件"按钮，进入文件列表，选择要复制的程序，点击"USB"，选择"到 USB"，即可复制程序到 U 盘根目录，如图 5-57（b）所示。

（2）ABB 本体

定期对工业机器人的数据进行备份，是保证工业机器人正常操作的良好习惯。ABB 工业机器人数据备份的对象是所有正在系统内存运行的 RAPID 程序和系统参数，具体的步骤如下：

(a) USB插口

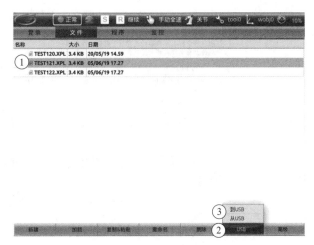

(b) U盘数据备份步骤

图 5-57 工业机器人数据备份

① 在"ABB 菜单"中,选择"备份与恢复",如图 5-58 所示。

图 5-58 备份与恢复

② 单击"备份当前系统",如图 5-59 所示。

图 5-59 备份当前系统

③ 单击"ABC"按钮,设定存放备份数据的目录。再单击"…"按钮,选择备份存放的位置(机器人硬盘或 USB 存储设备),如图 5-60 所示。

图 5-60　选择备份路径

④ 单击"备份"，进行备份操作，备份完成后会退出当前界面，如图 5-61 所示。

图 5-61　备份中

5.4.2　工业机器人数据恢复

（1）埃夫特本体

① 将 U 盘插入到示教器的 USB 插口中，如图 5-57(a) 所示。

② 点击状态栏的"文件"按钮，进入文件列表，点击下方"USB"按钮，选择"从 USB"，如图 5-62(a) 所示；找到需要导入的文件并选中，点击"打开"按钮，即可将程序导入到机器人中，如图 5-62(b) 所示。

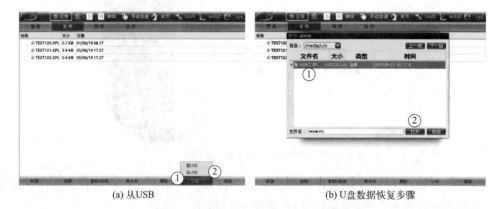

(a) 从USB   (b) U盘数据恢复步骤

图 5-62　埃夫特工业机器人数据恢复

注意：不能直接导入文件夹，也不能一次导入多个程序。

（2）ABB 本体

当 ABB 机器人系统出现错误或者重新安装系统后，可以通过备份快速地把机器人恢复到备份时的状态，具体的步骤如下：

① 在图 5-59 所示的界面中点击"恢复系统"，打开恢复系统界面，如图 5-63 所示。

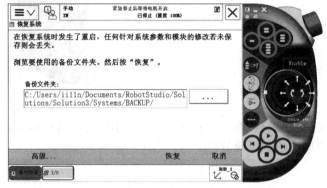

图 5-63　恢复系统界面

② 单击"…"按钮，选择备份存放目录，如图 5-64 所示。

图 5-64　选择备份存放的目录

③ 选择目录后，单击"恢复按钮"，然后在弹出的对话框中单击"是"按钮，如图 5-65 所示。然后系统进行自动数据恢复，如图 5-66 所示。

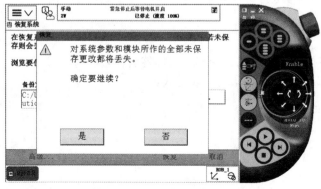

图 5-65　单击"恢复"按钮

图 5-66　恢复中

在进行数据恢复时，备份数据是具有唯一性的，不能将一台机器人的备份数据恢复到另一台机器人中去，否则会造成系统故障。

5.5　埃夫特工业机器人简单动作编程

5.5.1　埃夫特工业机器人常用编程指令

目前，工业机器人编程语言按照作业描述水平的高低分为动作级、对象级和任务级三类。下面以埃夫特工业机器人为例，重点讲述动作级编程语言。

动作级编程语言是最低级的机器人语言。它以机器人的运动描述为主，通常一条指令对应机器人的一个动作，表示机器人从一个位姿运动到另一个位姿。

常见基本指令如下：

① （＊＊）注释指令，用于程序注释。

② ：＝赋值指令，变量：＝表达式，例如 i：＝123。

③ ＿IF 条件语句，如果＿IF 条件为真，Then 后面的指令可以执行。

④ CALL 调用，用于执行用户定义的子程序。

⑤ DWELL 时间等待，单位为秒。

⑥ FOR 循环，表达式：

```
FOR variable:= 初始值表达式 TO 终止值表达式 BY[增量表达式]DO
…
END_FOR。
```

⑦ GOTO 跳转指令，表达式：GOTO（标签名称）。

⑧ IF THEN ELSE IF 条件语句，表达式：

```
IF condition THEN
…
ELSE
…
END_IF。
```

⑨ LABEL 标签指令，表达式：LABEL（标签名称）。

⑩ MCIRC 圆弧运动，表达式：MCIRC(intermediate point,target point,speed,zone,tool,[refsys])。

⑪ MJOINT 关节运动，表达式：MJOINT(target,speed,zone,tool,[refsys])。

⑫ MLIN 直线运动，表达式：MLIN(target,speed,zone,tool,[refsys])。

⑬ WHILE 循环，表达式：

```
WHILE condition DO
...
END_WHILE。
```

⑭ OFFSET XYZ 偏置函数，表达式：OFFSET（笛卡儿空间的点，x，y，z），用于设置原来坐标位置上某个坐标方向的偏移距离。

5.5.2 埃夫特工业机器人运动指令参数设置

（1）登录示教器

点击快捷方式栏"登录"，进入登录界面（图 5-67），点击密码输入框，输入"999999"（初始密码），点击"登录"按钮，即可登录示教器，进行相关操作。

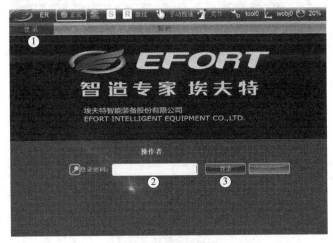

图 5-67 登录界面

（2）新建程序

快捷方式栏点击"文件"快捷按钮（图 5-68 中标记①），系统会进入文件管理界面。点击左下角"新建"快捷按钮（图 5-68 中标记②），弹出新建列表（列表中有两个选项："文件""文件夹"），选择"文件"选项（图 5-68 中标记③）进入文件命名对话框（图 5-69）。

点击选中要加载的文件（图 5-70 中标记①），点击下方操作栏中的"打开"快捷按钮（图 5-70 中标记②），出现加载文件提示对话框，点击"是"，系统将加载该程序，并自动跳转到"程序"页面。

（3）添加指令

假如，为 modbus 通信总线中地址为 40071 的内存值加 1（提前通过查询"监控"页面中"Modbus"栏中的"Output"条目，得知 40071 地址存储类型为 int，对应示教变量为 fidbus.mobtxint[0]。），具体步骤如下：

① 新建行与进入代码编辑页。新建文件的程序编辑初始页面如图 5-71 所示，点击图 5-71 中左下角的"编辑"按钮进入编辑模式。

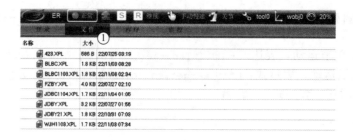

图 5-68　文件管理界面

图 5-69　文件命名对话框

图 5-70　文件加载

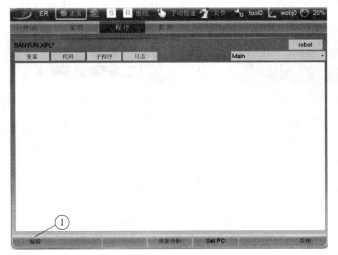

图 5-71　文件编辑初始界面

图 5-72 所示为进入编辑模式下的"代码"页面。

在程序最后一行添加代码：点击选中程序末尾行的"…"行（图 5-72 中标记①），如果是添加一般运动指令，可直接通过单击图 5-72 中标记②所示的快捷运动指令栏中的按钮来添加运动指令（点的位置默认为当前机器人的位置），也可通过点击标签栏中"编辑"标签（图 5-72 中标记③）进入指令选择页面。

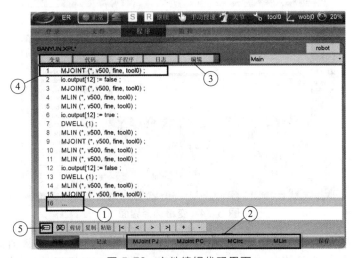

图 5-72　文件编辑代码界面

② 在程序中的某一行上方添加一行代码：选中该行（图 5-72 中标记④）点击新建行按钮" ▭ "，则会在该行上方新建一行"…"（与程序末尾行相同），选中新出现的行，点击标签栏中"编辑"标签（图 5-72 中标记③）进入指令选择页面。

③ 指令选择。图 5-73 所示为指令选择页面，这里可以选择所有 rpl 程序指令，包括通用指令（包括赋值、调用、跳转、标签等指令）、运动指令（包括关节运动、直线运动等）、其他指令（包括等待）等（每条指令的功能详见《埃夫特机器人 ROBOX 控制器机器人编程语言 RPL》）。

例如：双击赋值运算符"：="［图 5-73(a) 中标记①处］，或选中赋值运算符"：="

后单击添加按钮 "＜＜" [图 5-73(a) 中标记②处], 完成指令选择, 如图 5-73(b) 所示。

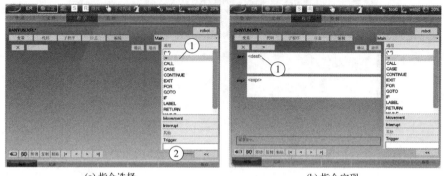

(a) 指令选择　　　　　　　　　　　　(b) 指令实现

图 5-73　指令选择界面

（4）指令参数填写

① 单击 5-73 (b) 中红色高亮的 "＜dest＞" 字样进行被赋值变量选择, 如图 5-74 所示, 在右侧弹出的候选变量列表中选择添加 "fidbus. mobtxint" 变量（添加变量操作与添加指令操作相同）, 结果如图 5-75 所示。由于 "fidbus. mobtxint" 变量为数组变量, 因此其后缀为 "［???］"（图 5-75 中标记①）, 点击右侧变量列表下面的附加操作按钮中的 "值" 按钮（图 5-75 中标记②）, 输入 "0", 点击确认按钮 "√"（图 5-75 中标记③）完成值输入。

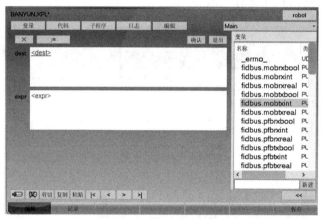

图 5-74　变量选择界面

② 单击红色高亮的 "＜expr＞" 字样（图 5-76 中标记①）进行赋值表达式编辑。将 fidbus. mobtxint［0］变量值赋值为 1: 点击 "值"（图 5-76 中标记②）, 在弹出的对话框中输入 1, 点击确认按钮 "√"（图 5-76 中标记③）完成值输入, 结果如图 5-77 中标记①所示, 点击 "确认"（图 5-77 中标记②）按钮, 完成 fidbus. mobtxint［0］＝1 的赋值, 将编辑好的代码添加入程序中。

（5）修改指令

图 5-78 所示为一个程序示例, 现由于工程需要, 要对第二行的运动指令 MJOINT（）进行修改, 操作如下:

点击左下角 "编辑" 按钮（图 5-78 中标记①）, 进入编辑模式, 点击第二行选中（图 5-78 中标记②）, 点击 "编辑" 标签（图 5-78 中标记③）进入指令编辑界面, 如图 5-79 所示。

① 修改指令。点击指令 "MJOINT"（图 5-79 中标记①）, 再点击删除按钮 " "

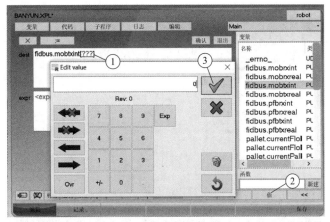

图 5-75　变量选择结果界面

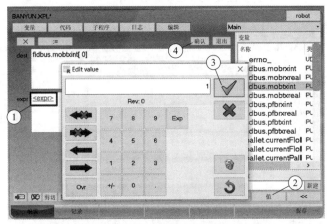

图 5-76　变量赋值界面

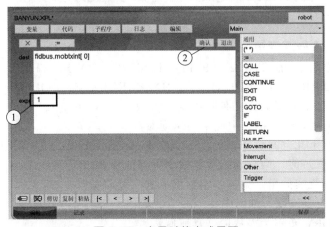

图 5-77　变量赋值完成界面

（图 5-79 中标记③）将当前指令删除，之后，可以重新选择指令，最后点击"确认"按钮完成修改。

　　② 修改指令参数。对于指令参数的修改，只需点击相应参数位置中变量、函数的名称或值，右侧候选列表就会相应刷新为对应的候选列表，找到目标后，双击或选中后点击右下角添加按钮"<<"，最后点击"确认"按钮，即可完成指令参数修改。

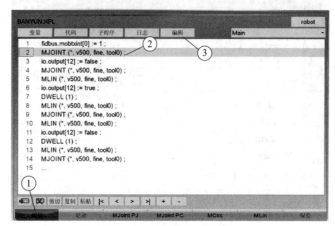

图 5-78　程序编辑操作界面

图 5-79　指令编辑界面

（6）六轴机器人程序变量

① 变量的数据类型包括 TOOL、SPEED、POINTC、ZONE、VECT3、POINTJ、BOOL、DINT、UDINT、TRIGGER、LREAL、STRING、REFSYS、ROBOT。

- TOOL：工具，运动指令中使用的工具参数。
- SPEED：速度，运动指令中使用的速度参数。
- OINTC：笛卡儿空间位姿，包含三个位置和三个旋转姿态的笛卡儿空间点。
- ZONE：圆弧过渡，两个连续动作指令重叠的参数。
- VECT3：三维实向量，由三个实数组成的三维向量。
- POINTJ：关节位置，轴组中各个关节的数值。
- BOOL：布尔，布尔类型数值（真或假）。
- DINT：双精度整数，32 位整数，可以取负数（例如：-1234）。
- UDINT：无符号双精度整数，32 位整数，只能取正数（例如：25）。
- TRIGGER：触发，在运动指令中用于触发事件的数据类型。
- LREAL：长实数，双精度浮点数（例如：3.67）。
- STRING：字符串。
- REFSYS：参考坐标系，笛卡儿空间运动参考坐标系。

• ROBOT：机器人轴组名，用于程序中运动指令指定轴组。

② 变量的存储类型包括 VAR、CONST、RETAIN 三种。

• VAR：可变量。该变量可以在 RPL 程序中赋值，当 RPL 程序重新启动时它的值就会丢失。

• CONST：常量变量。该变量不能在 RPL 程序中赋值，必须使用初始值来赋值。

• RETAIN：持续性变量。当 RPL 程序从内存中卸载时，该变量的值将被保留。

③ 变量的作用域包括 Routine's Local、Routine's Input、Routine's Output、Module's Local、Module's public、Module's Task、Module's Global。

• Routine's Local：该作用域下的变量只能在定义它的程序或子例程中被看到和使用。外部的程序或子例程无法看到和使用

• Routine's Input：该作用域下的变量专用于定义子程序的输入参数。它被用作局部变量，但是它的初始值来自于调用程序。输入变量的定义顺序与调用指令传递的参数相同。

• Routine's Output：该作用域下的变量专用于定义子程序的输出参数。它被用作局部变量，但它的最终值将在调用程序中的变量中设置。输出变量的定义顺序与调用指令设置的变量相同。

• Module's Local：该作用域下的变量可以在所有程序或子程序中被看到和使用。使用 Module's Local 变量，可以在子例程中设置一个值，稍后可以从另一个子例程中读取该变量。不能用相同的名称定义多个模块的局部变量。这些变量不能从其他模块中看到。

• Module's public：类似于 Module's Local，但是该作用域下的变量可以从其他模块中看到。在其他模块中，可以使用模块名来使用该作用域下的变量（e. g. moduleName. variableName）。

• Module's Task：类似于 Module's public。在其他模块中，该作用域下的变量可以在不使用模块名之前使用（e. g. variableName）。

• Module's Global：该作用域下的变量对于系统的所有任务来说都是通用的。在不同的任务之间共享数据是很有用的。如果对相同的全局有不同的定义，则会报告错误。一个全局变量在前面没有模块名。

（7）六轴机器人程序变量编辑

① 添加变量：在图 5-80 所示变量管理界面，点击"Module"全局变量按钮（图 5-80 中标记①），再点击"　"新建变量按钮（图 5-80 中标记②），弹出添加变量窗口，根据需要选择变量的作用域、数据类型、存储类型，比如点击"变量名称"（图 5-80 中标记③）空白处，即可修改变量名称。

图 5-80　添加变量

② 修改变量：在变量管理界面，选择需要修改的变量，然后双击，弹出变量窗口，根据需要修改变量。

③ 删除变量：在变量管理界面，选择需要删除的变量（图 5-81 中标记①），然后点击删除变量按钮（图 5-81 中标记②），即可删除变量。

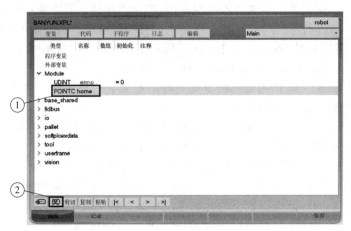

图 5-81 删除变量

5.6 ABB 工业机器人简单动作编程

要想对 ABB 工业机器人进行程序编写，首先要建立一个 RAPID 程序。RAPID 是一种英文编程语言，所包含的指令可以移动机器人、设置输出、读取输入，还能实现决策、重复其他指令、构造程序、与系统操作员交流等功能。RAPID 程序建立的步骤如下：

① 在"ABB 菜单"中单击"程序编辑器"，建立 RAPID 程序，如图 5-82 所示。

图 5-82 单击"程序编辑器"

② 在新打开的程序编辑器中，单击"例行程序"和"模块"来查看例行程序和模块，如图 5-83 和图 5-84 所示。

③ 在"例行程序"和"模块"界面中，可以单击"文件"来新建例行程序或模块，如图 5-85 和图 5-86 所示。

掌握了 ABB 工业机器人新建 RAPID 程序后，就可以在程序中插入指令进行编程了。

图 5-83　查看例行程序

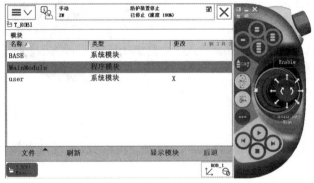

图 5-84　查看模块

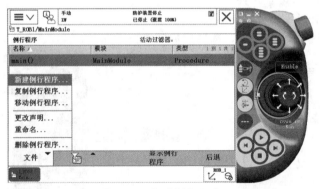

图 5-85　新建例行程序

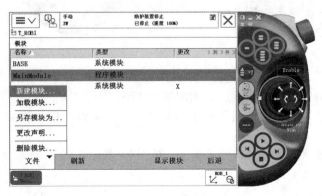

图 5-86　新建模块

5.6.1　ABB 工业机器人常用编程指令

打开"ABB 菜单",选择"程序编辑器",并选中要插入指令的程序位置,此时选中的部分显示为高亮蓝色。单击"添加指令",打开指令列表。单击"Common"按钮可切换到其他分类的指令列表,如图 5-87 所示。

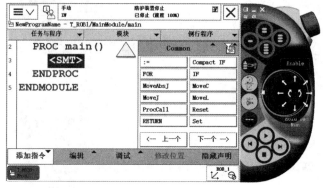

图 5-87　插入指令

(1)赋值指令

赋值指令用于对程序数据进行赋值,符号为":=",赋值对象是常量或数学表达式。例如:

常量赋值:reg1:=1;

数学表达式赋值:reg2:=reg1+1。

① 添加常量赋值指令的步骤如下:

a. 在指令列表中选择":=",选择后如图 5-88 所示。

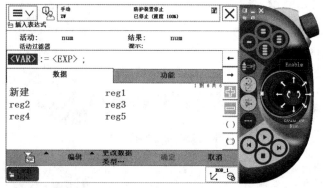

图 5-88　选择":="

b. 单击"更改数据类型…",选择"num"数字型数据,单击"确定",如图 5-89 所示。

c. 选择要赋值的数据,例如 reg1,如图 5-90 所示。

d. 选中<EXP>,此时该数据显示蓝色高亮。打开编辑菜单,选择"仅限选定内容",如图 5-91 所示。

e. 通过软键盘输入数字"1",然后单击"确定",如图 5-92 所示。

f. 在新弹出的界面中再次单击"确定",如图 5-93 所示。

此时,在程序编辑器界面中可以看到赋值指令了,如图 5-94 所示。

图 5-89 更改数据类型

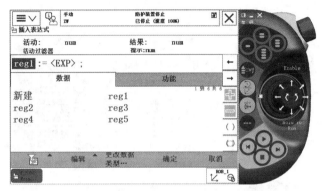

图 5-90 选择要赋值的数据

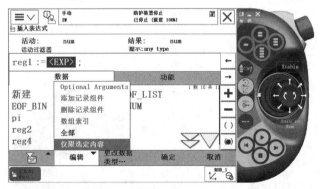

图 5-91 选择"仅限选定内容"

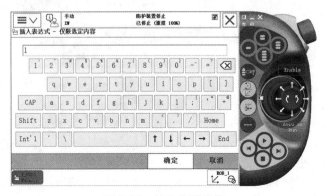

图 5-92 输入待赋的值

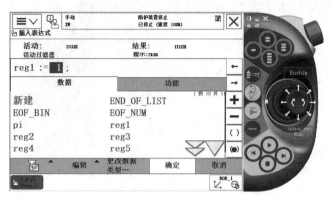

图 5-93　赋值完毕

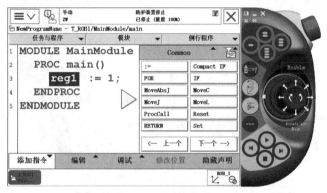

图 5-94　赋值指令

② 添加带数学表达式的赋值指令的步骤如下：

a. 在指令列表中选择"：＝"，如图 5-95 所示。

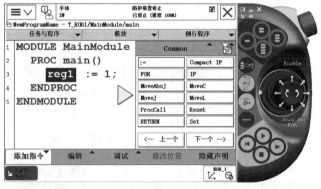

图 5-95　选择"：＝"

b. 选中要赋值的数据，例如 reg2，如图 5-96 所示。

c. 选择＜EXP＞，此时该数据显示为高亮蓝色，如图 5-97 所示。

d. 选中"reg1"，如图 5-98 所示。

e. 单击"＋"按钮并选择＜EXP＞，如图 5-99 所示。

f. 选中＜EXP＞，此时该数据显示为高亮蓝色。打开"编辑"菜单，选择"仅限选定内容"，如图 5-100 所示。然后通过弹出的软键盘输入"1"，单击"确定"，如图 5-101

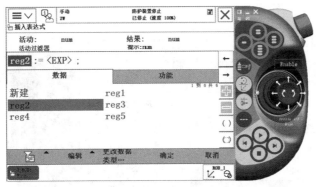

图 5-96　选择 reg2

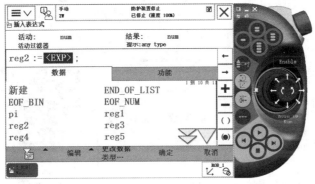

图 5-97　选择< EXP>

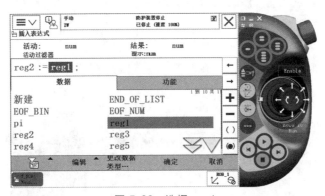

图 5-98　选择 reg1

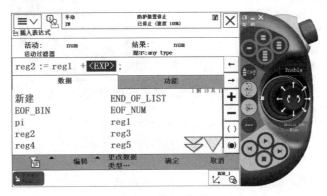

图 5-99　单击"＋"号

所示。

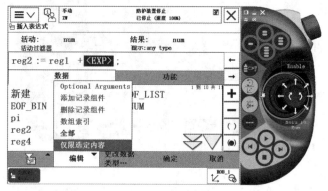

图 5-100　选择"仅限选定内容"

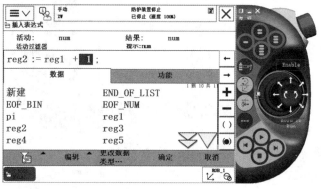

图 5-101　输入待赋的值

g. 确认数据正确无误后，单击"确定"，在弹出的对话框中单击"下方"，如图 5-102 所示。

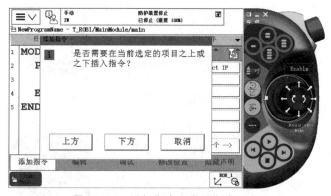

图 5-102　添加指令于当前指令下方

此时在程序编辑器中就会看到新添加的指令位于第一条指令的下方，添加指令成功。再次单击"添加指令"可以将指令列表收起来，如图 5-103 所示。

（2）运动指令

ABB 工业机器人在空间中的运动主要有关节运动（MoveJ）、线性运动（MoveL）、圆弧运动（MoveC）和绝对位置运动（MoveAbsJ）四种方式。

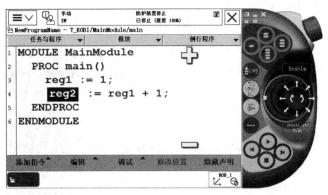

图 5-103　添加指令成功

① 关节运动指令 MoveJ。关节运动指令用于在对路径精度相对要求不高的情况下，定义工业机器人的 TCP 从一个位置移动到另一个位置的运动。两个位置之间的路径不一定是直线。

关节运动指令 MoveJ 的指令解析见表 5-1，指令格式如下：

```
MoveJ p10,v1000,z50,tool1\Wobj:= wobj1;
```

表 5-1　MoveJ 指令解析

参数	含义
p10	目标点的位置数据
v1000	运动速度数据，1000mm/s
z50	转弯区数据，定义转弯区的大小，单位为 mm
tool1	工具坐标数据，定义当前指令使用的工具坐标
wobj1	工件坐标数据，定义当前指令使用的工件坐标

关节运动指令适合在机器人大范围运动时使用，不容易在运动过程中出现关节轴进入机械死点的问题。目标点位置数据定义机器人 TCP 的运动目标，可以在示教器中单击"修改位置"进行修改。

添加关节运动指令的步骤如下：

a. 首先将工业机器人进入手动模式，然后进入"手动操纵"界面，确认已选定的工具坐标与工件坐标，如图 5-104 所示。

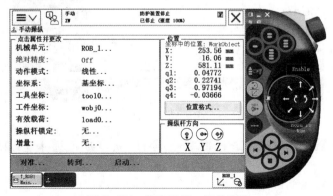

图 5-104　确定工具、工件坐标

　　b. 进入程序编辑器，单击"添加指令"按钮，点击"MoveJ"指令，添加完毕后如图 5-105 所示（屏幕的字符显示大小可以通过点击屏幕上的黄色"＋""－"号进行缩放）。

图 5-105　添加 MoveJ 指令

　　c. 选择"＊"号并单击，在新弹出的界面中选择"新建"，如图 5-106 所示。

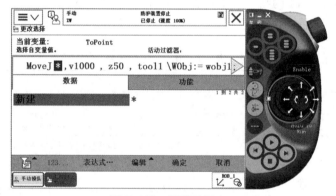

图 5-106　新建目标点

　　d. 为新建的目标点命名后，单击"确定"，如图 5-107 所示。

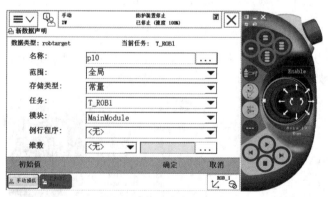

图 5-107　命名新目标点

　　e. 再次点击"确定"后，程序中原"＊"号的地方变成了新目标点的名字，如图 5-108 所示。

　　至此，关节运动指令 MoveJ 添加完毕。

　　② 线性运动指令 MoveL。线性运动是指机器人的 TCP 从起点到终点之间的路径始终保

图 5-108　带目标点的指令

持为一条直线。一般在焊接、涂胶等对路径要求较高的场合常使用线性运动指令 MoveL。

线性运动指令 MoveL 的指令解析见表 5-2，指令格式如下：

```
MoveL p10,v1000,fine,tool1\Wobj:= wobj1;
```

表 5-2　MoveL 指令解析

参数	含义
p10	目标点的位置数据
v1000	运动速度数据，1000mm/s
fine	运动速度数据，在目标点速度降为零
tool1	工具坐标数据，定义当前指令使用的工具坐标
wobj1	工件坐标数据，定义当前指令使用的工件坐标

线性运动指令的添加方法与关节运动指令相同。

③ 圆弧运动指令 MoveC。圆弧运动指令在机器人可达到的空间范围内定义两个位置点，第一个点是圆弧的中间点，第二个点是终点。由当前点、圆弧的中间点和终点可以唯一确定一段圆弧。

圆弧运动指令 MoveC 的指令解析见表 5-3，指令格式如下：

```
MoveC p10,p20,v1000,z10,tool1\Wobj:= wobj1;
```

表 5-3　MoveC 指令解析

参数	含义
p10	圆弧中间点的位置数据
p20	圆弧终点的位置数据
v1000	运动速度数据，1000mm/s
z10	转弯区数据，定义转弯区的大小，单位为 mm
tool1	工具坐标数据，定义当前指令使用的工具坐标
wobj1	工件坐标数据，定义当前指令使用的工件坐标

圆弧运动指令的添加方法与关节运动指令相同。

④ 绝对位置运动指令 MoveAbsJ。绝对位置运动指令使用六个内轴和外轴的角度值来定义机器人的目标位置数据。

绝对位置运动指令 MoveAbsJ 的指令解析见表 5-4，指令格式如下：

```
MoveAbsJ p10\NoEOffs,v1000,z50,tool1\Wobj:= wobj1;
```

表 5-4 **MoveAbsJ 指令解析**

参数	含义
p10	目标点位置数据
NoEOffs	外轴不带偏移数据
v1000	运动速度数据，1000mm/s
z10	转弯区数据，定义转弯区的大小，单位为 mm
tool1	工具坐标数据，定义当前指令使用的工具坐标
wobj1	工件坐标数据，定义当前指令使用的工件坐标

绝对位置运动指令的添加方法与关节运动指令相同。

（3） I/O 控制指令

I/O 控制指令用于控制 I/O 信号，以达到与机器人周边设备进行通信的目的。

① Set 数字信号置位指令。Set 数字信号置位指令用于将数字输出信号置位（输出 "1"）。例如 do13 为数字输出信号，要将其置位，相应的指令格式为：

```
Set do13;
```

② Reset 数字信号复位指令。Reset 数字信号复位指令用于将数字输出信号复位（输出为 "0"）。例如 do13 为数字输出信号，要将其复位，相应的指令格式为：

```
Reset do13;
```

③ WaitDI 数字输入信号判断指令。WaitDI 数字输入信号判断指令用于判断数字输入信号的值是否与目标值一致。例如 di12 为数字输入信号，想要判断输入的值是否为 1，相应的指令格式为：

```
WaitDI di12,1;
```

执行此指令时，若 di12 的值为 1，程序向下执行；若到达最大等待时间（自行设定，例如 10s），di12 的值仍然不为 1，则机器人报警或进入特定的错误处理程序。

④ WaitDO 数字输出信号判断指令。WaitDO 数字输出信号判断指令用于判断数字输出信号的值是否与目标值一致。例如 do13 为数字输出信号，想要判断输出的值是否为 1，相应的指令格式为：

```
WaitDO do13,1;
```

执行此指令时，若 do13 的值为 1，程序向下执行；若到达最大等待时间（自行设定，例如 10s），do13 的值仍然不为 1，则机器人报警或进入特定的错误处理程序。

⑤ WaitUntil 信号判断指令。WaitUntil 信号判断指令可用于 bool 量、数字量和 I/O 信号值的判断。如果条件达到指令中设定的值，程序继续向下执行，否则就一直在原地等待，除非设定了最大等待时间。例如，bool1 为 bool 型数据，num1 为 num 型数据，则相应的指令格式为：

```
WaitUntil do13= 1;
WaitUntil di12= 0;
WaitUntil bool1= TRUE;
WaitUntil num1= 2;
```

（4）条件逻辑判断指令

① IF 条件判断指令。IF 条件判断指令用于根据不同的条件执行不同的指令。例如：

```
IF num1= 2 THEN
  bool1:= TRUE;
ELSE
  bool1:= FALSE;
ENDIF
```

② FOR 重复执行判断指令。FOR 重复执行判断指令适用于一个或多个指令需要重复执行数次的情况。例如：

```
FOR i FROM 1 TO 3 DO
  Routine1;
ENDFOR
```

则例行程序 Routine1 将重复执行 3 次。

③ WHILE 条件判断指令。WHILE 条件判断指令用于在给定条件满足的情况下，一直重复执行对应的指令。例如：

```
WHILE num1>1 DO
  num1:= num1-1;
ENDWHILE
```

只要 num1 大于 1，就会一直执行自减 1 的操作。

（5）其他常用指令

① WaitTime 时间等待指令。WaitTime 时间等待指令用于程序在等待一个指定的时间后，再继续向下执行，其指令格式为：

```
WaitTime t;
```

其中 t 的单位为秒，例如：

```
WaitTime 1;
Reset do13;
```

等待 1 秒后，程序向下执行复位 do13 的操作。

② ProcCall 调用例行程序指令。通过使用 ProcCall 指令可以在指定位置调用例行程序，具体的步骤如下：

a. 打开程序编辑器，选中"＜SMT＞"为调用例行程序的位置，然后单击"添加指令"，在列表中选择"ProcCall"指令，如图 5-109 所示。

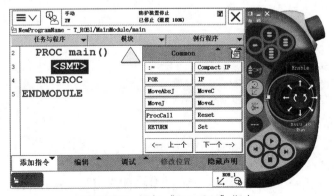

图 5-109　添加"ProcCall"指令

b. 选择完"ProcCall"指令后，在弹出的界面中选择需要调用的例行程序，然后单击"确定"，如图 5-110 所示。

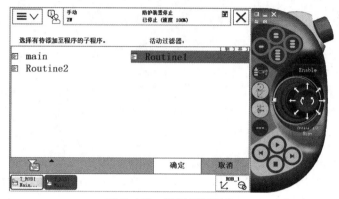

图 5-110 调用例行程序

c. 调用完后，会在程序的相应位置出现例行程序的名称，如图 5-111 所示。

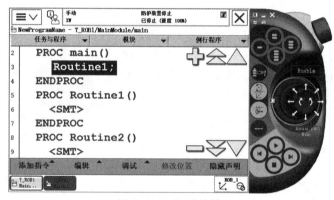

图 5-111 调用结果

③ RETURN 返回例行程序指令。RETURN 返回例行程序指令被执行时，马上结束本例行程序的执行，程序指针将返回到调用此例行程序的位置，例如：

```
PROC Routine1()
    MoveJ p10,v1000,z50,tool1\Wobj:= wobj1;
    Routine2;
    Set do13;
PROC Routine2()
  if di12= 1 THEN
  RETURN
ELSE
  Stop;
    ENDIF
ENDPROC
```

当 di12＝1 时，执行 RETURN 指令，程序指针将返回 Routine1 程序中，并执行 Set do13 指令。

5.6.2　程序的调试与运行

（1）程序的调试

① 在程序编辑器中添加待执行的程序，如图 5-112 所示。

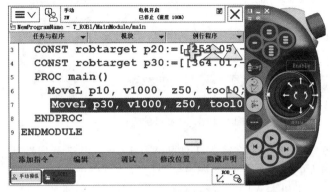

图 5-112　待执行程序

② 单击"调试"，选择"检查程序"对语法进行检查，根据检查结果对程序进行修改，直至出现"未出现任何错误"，如图 5-113 所示。

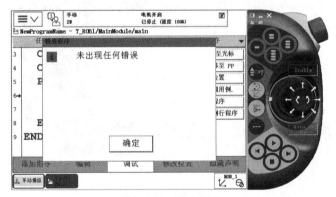

图 5-113　检查程序

③ 继续单击"调试"，选择"PP 移至例行程序"，如图 5-114 所示。

图 5-114　PP 移至例行程序

④ 选择 main 程序，单击"确定"，如图 5-115 所示。

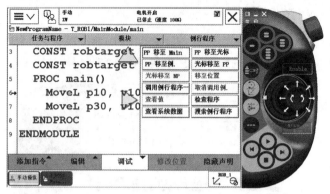

图 5-115 待调试的例行程序

⑤ 按下示教器的使能按键，在确保工业机器人进入"电机开启"状态后，按一下运行键，并仔细观察机器人的移动。在按下程序停止键后才可以松开使能按键。

当指令前出现一个小机器人图标（行前序号处）时，说明机器人程序运行至当前行。机器人运行至 p10 点，如图 5-116 所示。

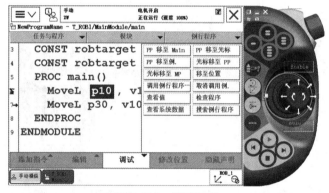

图 5-116 调试程序

（2）程序的运行

程序的自动运行步骤如下：

① 将旋钮钥匙开关旋至左侧的自动模式，然后在弹出的界面中单击"确定"，如图 5-117 所示。

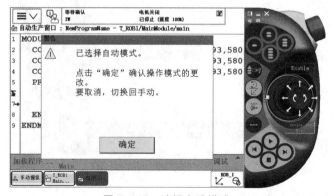

图 5-117 选择自动模式

② 单击"PP 移至 Main"，再单击"是"，如图 5-118 所示（"Main"与"main"在软件中含义相同，但不同位置字母大小写不同，正文中与实际显示对应）。

图 5-118　PP 移至 main

③ 按下控制柜的"通电/复位"按钮，再按下程序启动按键，程序就会自动运行。

思考与练习

5-1　ABB 工业机器人出厂后，如何设置示教器语言为中文？

5-2　ABB 工业机器人有哪几种运动模式？在各运动模式下，TCP 的角度和位置分别发生何种变化？

5-3　ABB 工业机器人有哪几种坐标系？机器人运动所需要的基本坐标系是哪个？

5-4　如何创建 ABB 工业机器人的工具坐标系、工件坐标系？

5-5　如何在 ABB 工业机器人中创建一个 RAPID 程序？

5-6　列举 ABB 工业机器人的四种常见运动指令及其指令格式。

5-7　列举 ABB 工业机器人的数字信号置位、复位指令、数字输入信号判断指令、信号判断指令及它们的指令格式。

5-8　如何在 ABB 工业机器人中进行例行程序的调用？

第6章

工业机器人外围设备

知识目标

① 熟悉机器人常用的传感器的功能及应用。
② 熟悉 PLC 的功能及应用。
③ 熟悉工业网络通信协议。

能力目标

① 会使用信捷 PLC 进行简单的程序编写。
② 能识别工业机器人实验台各设备之间的通信方式。

6.1　工业机器人与外围设备通信技术

6.1.1　工业机器人控制系统中的通信

工业机器人在实际项目中常应用于各种生产线、装配线及复合型设备等（如汽车组装生产线、工业电气产品生产线、食品生产线、半导体硅片搬运等）。机器人单机的各种搬运、码垛、焊接、喷涂等动作轨迹都编程调试好后，还经常要配合生产线上的其他动作，单个机器人仅是完成了整个全自动生产线上的某几个或某些动作，要想完成全部的动作，还需要与 PLC 配合，这就需要用到 PLC 与工业机器人之间的信号通信，双方交换传输信号。随着机器人复杂程度的提高，其控制技术的难度也越来越大，这样它们之间的通信问题就变得非常重要了。

6.1.2　通信协议

通信协议是在设计机器人通信时要首先考虑的，因为协议是数据传输的准则，通信协议按照三个级别来建立：物理级、连接级和应用级。在机器人通信中，常见的通信协议有以下几种。

（1）RS232 通信与 RS485 通信

① RS232 通信。网络间的数据通信分为两种形式：串行通信和并行通信。串行通信是

网络通信技术的基础，在 20 世纪 60 年代后，国际上推出了第一个串行通信标准，即 RS232 标准，出现了至今仍广泛应用的 RS232 串行总线。RS232 通信端口一般是机器人上的标准配置，如图 6-1 所示。

② RS485 通信。由于串行通信简单实用，因此其在工业上广泛使用，可是工业环境通常会有噪声干扰传输线路，在用 RS232 传输时经常会受到外界的电气干扰而使信号发生错误。此外，RS232 通信的最大距离在不加缓冲器的情况下只有 15m。为了解决上述问题，RS485 的通信方式就产生了。使用 RS485 通信可以有效地防止噪声干扰，工业上使用这种串行传输方式的设备也比较多。

（2）Profibus 总线

Profibus 是过程现场总线（process field bus）的缩写，于 1989 年正式成为现场总线的国际标准。

Profibus 总线主要由三部分组成：Profibus-DP（decentralized periphery，分布式外围设备）、Profibus-PA（process automation，过程自动化）和 Profibus-FMS（fieldbus message specification，现场总线报文规范）。

机器人可以直接通过其带 PCI 插槽的 Profibus 总线卡与周边设备进行通信，信号的传递以及 I/O 的处理，如图 6-2 所示。

图 6-1 RS232 通信

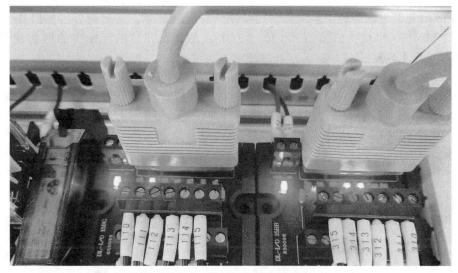

图 6-2 Profibus 总线通信

（3）工业以太网

对于实时性和确定性要求高的场合（机器人运动控制），商用以太网存在的不确定性是不可实现运动控制的，因此，工业以太网应运而生。工业以太网是指应用于工业控制领域的以太网技术，在技术上与普通以太网技术相兼容。由于主要在工业现场使用，其对产品的材料、强度、适用性、可互操作性、可靠性、抗干扰性等有较高的要求，而且工业以太网是面向工业生产控制的，对数据的实时性、确定性、可靠性等有很高的要求。常见的工业以太网标准有 PROFINET、Modbus-TCP、EtherNet/IP 和我国的 EPA 等。我国的 EPA 有完全自主知识产权，能进入世界前 20 大现场总线行列，说明我国的工控技术得到了广泛的认可。

① PROFINET 协议。PROFINET 是一种较新的，基于以太网的工业通信协议。PROFINET 使用的物理接口是一个标准的 RJ-45 以太网接口。

注意：虽然在某些情况下，可以使用标准的以太网电缆来连接两个 PROFINET 设备，但是在恶劣的工业环境中应尽量使用官方的 PROFINET 电缆，因为它的屏蔽做得很好。

PROFINET 以 100Mbit/s 的速度运行，电缆长度可达 100m。由于其高速运行和小于 1ms 的响应时间，PROFINET 是高速应用的理想选择。由于 PROFINET 使用与以太网相同的物理连接标准，因此可以使用标准以太网交换机来进行网络扩展。

PROFINET 设备有三种不同类型的地址：IP 地址、MAC 地址、设备名称。

所有的以太网设备都使用 IP 地址和 MAC 地址，但设备名称对 PROFINET 设备来说是唯一的。在配置 PROFINET 网络时，主要关注设备名称和 IP 地址。

由于 PROFINET 具有更快的传输速度和更高的灵活性，它正在成为工业应用的首选通信协议。

PROFINET 主要目标如下：

a. 基于工业以太网建立开放式自动化以太网标准；

b. 使用 TCP/TP 和 IT 标准；

c. 实现有实时要求的自动化应用，在现场级通信中，对通信实时性要求最高的是运动控制（motion control），PROFINET 的同步实时（isochronous real-time，IRT）技术可以轻松满足运动控制的高速通信需求，还可以直接连接现场设备（使用 PROFINET IO）。

d. 全集成现场总线系统。

② Modbus-TCP 协议。Modbus 是由 MODICON 公司（莫迪康公司，后被施耐德公司收购）于 1979 年开发的一种工业现场总线协议标准。1996 年，施耐德公司推出基于以太网 TCP/IP 的 Modbus 协议：Modbus-TCP。Modbus 是真正开放的、标准的网络通信协议，在工业领域应用十分广泛。

Modbus 协议是一项应用层报文传输协议，包括 Modbus-ASCII、Modbus-RTU、Modbus-TCP 三种报文类型。该协议本身并没有定义物理层，只是定义了控制器能够认识和使用的消息结构，而不管它们是经过何种网络进行通信的。

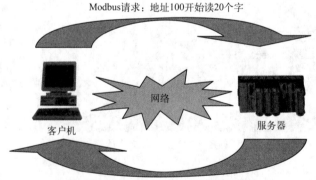

图 6-3　Modbus 主、从站通信模式

Modbus 协议是运行在 TCP/IP 上的 Modbus 报文传输协议，规定了消息、数据的结构、命令和应答的方式。其数据通信采用 Maser/Slave 方式，即通信双方规定为"主站"（master）和"从站"（slave）。主站发出数据请求消息，从站接收到正确消息后，响应请求并回应数据给主站。主站也可以发出命令消息修改从站的数据，即主站作为命令发起方，主动向

指定的从站发送命令消息帧，要求进行寄存器区的数据读取或写入，如图 6-3 所示。另外，主站可向多个从站发送通信请求，而每个从站都有唯一的设备地址，并按地址识别主站发来的消息。

通过 Modbus-TCP，控制器相互之间通过网络（如以太网）和其他设备通信。互联网数字分配机构（Internet Assigned Numbers Authority，IANA）给 Modbus 赋予 TCP 端口号为 502，这是目前在仪表与自动化行业中唯一分配到的端口号。

Modbus-TCP 的优点是网络实施价格低廉，可全部使用通用网络部件。此协议支持传统的 RS422、RS232、RS485 和以太网设备，许多工业设备，包括 DCS、智能仪表、PLC 等都在使用此协议作为其通信标准，用户可免费获得协议及样板程序，网络具有高速的传输能力，100M 以太网的传输结果为每秒传输 4000 个 Modbus-TCP 报文。

③ EtherNet/IP 协议。EtherNet/IP（ethernet industry protocol）是适合工业环境应用的协议体系。它是由两大工业组织 ODVA（Open DeviceNet Vendors Association）和 ControlNet International 所推出的最新的成员。

EtherNet/IP 采用和 DevieNet 及 ControlNet 相同的应用层协议 CIP（control and information protocol），因此，它们使用相同的对象库和一致的行业规范，具有较好的一致性。EtherNet/IP 采用标准的 EtherNet 和 TCP/IP 技术来传送 CIP 通信包，这样，通用开放的应用层协议 CIP 加上已经被广泛使用的 EtherNet 和 TCP/IP 协议，就构成 EtherNet/IP 协议的体系结构。

EtherNet/IP 协议模型及协议内容：

- 物理层和数据链路层。EtherNet/IP 在物理层和数据链路层采用以太网。其主要由以太网控制器芯片来实现。

- 网络层和传输层。EtherNet/IP 在网络层和传输层采用标准的 TCP/IP 技术。对于面向控制的实时 I/O 数据，采用 UDP/IP 协议来传送，而对于显式信息（如组态、参数设置和诊断等）则采用 TCP/IP 来传送。监控层流通的数据基本是显式信息，采用 TCP/IP 来传送，其优先级较低；而将来采用工业以太网 EtherNet/IP 协议的现场设备层，流通的数据基本是实时 I/O 数据，采用 UDP/IP 协议来传送，其优先级较高。

- 控制及信息协议（CIP）。控制及信息协议（CIP）是一种为工业应用开发的应用层协议，被 DeviceNet、ControNet、EtherNet/IP 等 3 种网络所采用，因此这 3 种网络相应地统称为 CIP 网络。

④ EPA 协议。EPA 是 Ethernet for Plant Automation（工厂自动化以太网）的缩写，是中国主持制定的第一个国际标准。它是 Ethernet、TCP/IP 等商用计算机通信领域的主流技术，直接应用于工业控制现场设备间的通信，并在此基础上，建立应用于工业现场设备间通信的开放网络通信平台。

（4）其他新型通信技术

① RFID 技术。RFID 的全称是 radio frequency identification，即射频识别或者电子标签，是一种无线通信技术，能在识别系统与目标无机械或者光学接触的情况下对目标进行数据读写操作。一套完整的 RFID 系统，如图 6-4 所示，是由读写器、电子标签及后端数据库管理系统三个部分组成，其基本的工作流程为：当电子标签进入感应范围内时，接收通过天线发送的特定频率的射频信号，获取

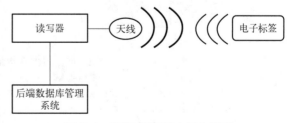

图 6-4 RFID 系统基本工作原理

感应电流产生激活能量，然后标签就将自身的信息返回。读写器获得信息后，通过一系列的解调、解码等操作，识别标签的数据及其合法性。

② 蓝牙技术。蓝牙技术（buletooth）是一种短距离无线通信技术。其产品具有体积小、功耗低、抗干扰、实时性和安全可靠等特点，而且可以集成到几乎任何数字设备中。蓝牙的传输距离一般为10cm～10m（0dBm）。

6.2 机器人中智能传感器的应用

（1）智能传感器概述

智能传感技术是智能制造和物联网的先行技术。智能传感器是一种能够对被测对象的某一信息具有感受、检出的功能，具备信息处理功能，并具有通信及管理功能的一类新型传感器。智能传感器有自动校零、标定、补偿、采集数据等能力。其能力决定了智能传感器还具有较高的精度和分辨率、较高的稳定性及可靠性、较好的适应性，相比于传统传感器还具有非常高的性价比，因此，在机器人中应用非常广泛。

（2）视觉系统

① 视觉系统的组成。机器视觉系统是指通过机器视觉产品（图像采集装置）获取图像，然后将获得的图像传送至处理单元，通过数字化图像处理进行目标尺寸、形状、颜色等的判别，进而根据判别的结果控制现场设备。一个典型的机器视觉系统涉及多个领域的技术交叉与融合，包括光源照明技术、光学成像技术、传感器技术、数字图像处理技术、模拟与数字视频技术、机械工程技术、控制技术、计算机软硬件技术、人机接口技术等。

目前市场上的机器视觉系统可以按结构分为两大类：基于PC的机器视觉系统和嵌入式机器视觉系统。基于PC的机器视觉系统是传统的结构类型，硬件包括CCD相机、视觉采集卡和PC等，目前居于市场应用的主导地位，但价格高，对工业环境的适应性较弱。嵌入式机器视觉系统将所需要的大部分硬件如CCD相机、内存、处理器及通信接口等压缩在一个"黑箱"式的模块里，又称为智能相机，其优点是结构紧凑、性价比高、使用方便、对环境的适应性强，是机器视觉系统的发展趋势。典型的机器视觉系统硬件结构如图6-5所示。

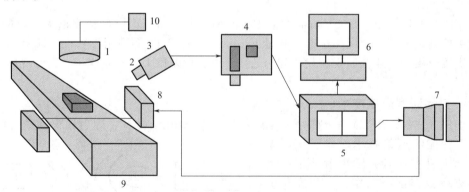

图 6-5　典型机器视觉系统硬件结构

1—光源，分为前光源和后光源等；2—光学镜头，完成光学聚焦或放大功能；3—摄像机，分为模拟摄像机和数字摄像机，智能相机包括3、4、5；4—图像采集卡，完成帧格式图像采集及数字化；5—图像处理系统，采用PC或嵌入式计算机；6—显示设备，显示检测过程与结果；7—驱动单元，控制执行机构的动作方式；8—执行机构，执行目标动作；9—测试台与被测对象；10—光源电源

② 视觉系统的应用。在机器视觉应用中，第一步都是采用图案匹配技术定位相机视场内的物品或特征。物品的定位往往决定机器视觉应用的成败。如果图案匹配软件工具无法精确地定位图像中的元件，那么，它将无法引导、识别、检验、计数或测量元件。在实际生产环境中，元件外观的差异及外观的形变会使元件定位变得困难，如图 6-6、图 6-7 所示。

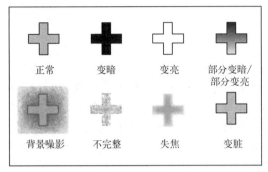

图 6-6　因照明或遮挡而出现的外观变化

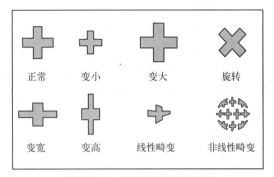

图 6-7　元件形变或姿势畸变

要实现精确、可靠、可重复的结果，视觉系统的元件定位工具必须具备足够的智能，能够快速、精确地将训练图案与生产线上输送过来的实际物品进行比较（图案匹配）。在引导、识别、测量和检验四种主要的机器视觉应用中，元件定位是非常关键的第一步。

（3）力觉系统

多维力觉传感器是机器人力觉系统中比较常用的一种传感器，常用在打磨机器人系统中（图 6-8）。多维力传感器能同时检测三维空间的三个力/力矩信息，通过它的控制系统不但能检测和控制机器人手抓取物体的握力，而且还可以检测所抓物体的质量，以及在抓取操作过程中是否有滑动、振动等。

图 6-8　多维力觉传感器

（4）位置传感器

位置传感器是用于测量设备移动状态参数的功能元件。在工业机器人系统中，该类传感器安装在机器人坐标轴中，用来感知机器人自身的状态，以调整和控制机器人的行动。

① 光电编码器。在工业机器人系统中，由于机械机构的限制，不可能在末端执行器处安装位置传感器来直接检测手部在空间中的姿态，因此都是利用安装在电动机处的编码器读出关节的旋转角度，然后利用运动学来求出手部在空间的位姿。

② 速度传感器。速度传感器是工业机器人中较重要的内部传感器之一。由于在机器人中主要需测量的是机器人关节的运行速度，故主要使用角速度传感器。除前述的光电编码器

外，测速发电机也是广泛使用的角速度传感器。

6.3　PLC 应用技术

6.3.1　PLC 的概述

（1）PLC 概念

可编程逻辑控制器简称为 PLC（programmable logical controller），也常称为可编程控制器即 PC（programmable controller）。它是微型计算机技术与继电接触器常规控制概念相结合的产物，即采用了微型计算机的基本结构和工作原理，融合了继电接触器控制的概念构成的一种新型电控器。它专为在工业环境下应用而设计，采用可编程的存储器，用来存储执行逻辑运算、顺序控制、定时、计数和算术运算等操作的指令，并通过数字式、模拟式的输入/输出（I/O），控制各种类型的机械或生产过程。

（2）PLC 硬件结构

PLC 生产厂家很多，产品的结构也各不相同，但其基本构成与工作原理则大同小异，都采用计算机结构，都以中央处理器为核心，通过硬件和软件的共同作用来实现其功能，如图 6-9 所示。PLC 主要由六部分组成，包括 CPU（中央处理器）、存储器、输入/输出（I/O）接口电路、电源、外设接口、输入/输出（I/O）扩展接口。

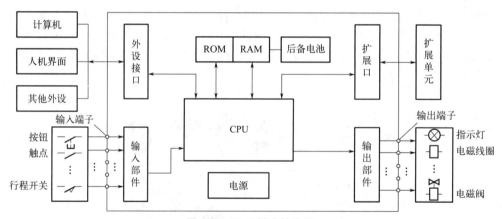

图 6-9　PLC 基本结构图

① CPU。CPU 是中央处理器（central processing unit）的英文缩写。它是 PLC 的核心和控制指挥中心，主要由控制器、运算器和寄存器组成，并集成在一块芯片上。CPU 通过地址总线、数据总线和控制总线与存储器、输入/输出接口电路相连接，完成信息传递、转换等。

CPU 的主要功能有接收输入信号并存入存储器、读出指令、执行指令并将结果输出、处理中断请求、准备下一条指令等。

② 存储器。存储器主要用来存放系统程序、用户程序和数据。根据存储器在系统中的作用可将其分为系统程序存储器和用户程序存储器。

系统程序是对整个 PLC 系统进行调度、管理、监视及服务的程序，它控制和完成 PLC 各种功能。这些程序由 PLC 制造厂家设计提供，固化在 ROM 中，用户不能直接存取、修改。系统程序存储器容量的大小决定系统程序的大小和复杂程度，也决定 PLC 的功能。

用户程序是用户在各自的控制系统中开发的程序，大都存放在 RAM 存储器中，因此使用者可对用户程序进行修改。为保证断电时不会丢失存储信息，一般用锂电池作为备用电源。用户程序存储器容量的大小决定了用户控制系统的控制规模和复杂程度。

③ 输入/输出（I/O）接口。I/O 接口是 PLC 与输入/输出设备连接的部件。输入接口接收输入设备（如按钮、传感器、触点、行程开关等）的控制信号。输出接口是用主机处理后的结果通过功放电路去驱动输出设备（如接触器、电磁阀、指示灯等）。I/O 接口一般采用光电耦合电路，以减少电磁干扰，从而提高了可靠性。I/O 点数即输入/输出端子数是 PLC 的一项主要技术指标，通常小型机有几十个点，中型机有几百个点，大型机将超过千点。

④ 电源。PLC 一般采用 AC 220V 电源，经整流、滤波、稳压后可变换成供 PLC 的 CPU、存储器等电路工作所需的直流电压，有的 PLC 也采用 DC 24V 电源供电。为保证工作可靠，PLC 大都采用开关型稳压电源。有的 PLC 还向外部提供 24V 直流电源。

⑤ 外设接口。外设接口是在主机外壳上与外部设备配接的插座，通过电缆线可配接编程器、计算机、打印机、EPROM 写入器、触摸屏等。

编程器有简易编程器和智能图形编程器两种，用于编程、对系统做一些设定及监控 PLC 和 PLC 所控制系统的工作状况等。编程器是 PLC 开发应用、监测运行、检查维护不可缺少的器件，但它不直接参与现场控制运行。

⑥ I/O 扩展接口。I/O 扩展接口是用来扩展输入、输出点数的。当用户输入、输出点数超过主机的范围时，可通过 I/O 扩展接口与 I/O 扩展单元相接，以扩充 I/O 点数。A/D 和 D/A 单元及连接单元一般也通过该接口与主机连接。

（3） PLC 的应用

PLC 在国内外已广泛应用于钢铁、石油、化工、电力、建材、机械制造、汽车、轻纺、交通运输、环保及文化娱乐等各个行业。大致可归纳为如下几类。

① 开关量的逻辑控制。这是 PLC 最基本、最广泛的应用领域，它取代传统的继电器电路，实现逻辑控制、顺序控制，既可用于单台设备的控制，也可用于多机群控及自动化流水线，如注塑机、印刷机、订书机械、组合机床、磨床、包装生产线、电镀流水线等。

② 模拟量控制。在工业生产过程当中，有许多连续变化的量，如温度、压力、流量、液位和速度等都是模拟量。可编程控制器处理模拟量，必须实现模拟量（analog）和数字量（digital）之间的 A/D 转换及 D/A 转换。PLC 厂家都生产配套的 A/D 和 D/A 转换模块，使可编程控制器用于模拟量控制。

③ 运动控制。PLC 可以用于圆周运动或直线运动的控制。其广泛用于各种机械、机床、机器人、电梯等场合。

④ 过程控制。过程控制是指对温度、压力、流量等模拟量的闭环控制。PID 调节是一般闭环控制系统中用得较多的调节方法。大中型 PLC 都有 PID 模块，目前许多小型 PLC 也具有此功能模块。过程控制在冶金、化工、热处理、锅炉控制等场合有非常广泛的应用。

⑤ 数据处理。现代 PLC 具有数学运算（含矩阵运算、函数运算、逻辑运算）、数据传送、数据转换、排序、查表、位操作等功能，可以完成数据的采集、分析及处理。这些数据可以与存储在存储器中的参考值比较，完成一定的控制操作，也可以利用通信功能传送到别的智能装置，如造纸、冶金、食品工业中的一些大型控制系统。

⑥ 通信及联网。PLC 通信含 PLC 间的通信及 PLC 与其他智能设备间的通信。随着计算机控制的发展，工厂自动化网络发展得很快，各 PLC 厂商都十分重视 PLC 的通信功能，纷纷推出各自的网络系统。新近生产的 PLC 都具有通信接口，通信非常方便。

6.3.2 PLC 的工作原理

PLC 是采用"顺序扫描，不断循环"的方式进行工作的，即在 PLC 运行时，CPU 根据用户按控制要求编制好并存于用户存储器中的程序，按指令步序号（或地址号）做周期性循环扫描，如无跳转指令，则从第一条指令开始逐条顺序执行用户程序，直至程序结束，然后重新返回第一条指令，开始下一轮新的扫描。整个工作过程分为系统自诊断、通信处理、输入采样、程序执行和输出刷新五个阶段。

自诊断是指每一次扫描用户程序前对 PLC 系统进行自检，若发现异常，则判断故障性质，同时出错指示灯（ERROR）亮，严重故障时 PLC 就会停止用户程序的执行，切断一切外部联系。

通信处理阶段，PLC 检查是否有编程器、计算机、触摸屏、智能模块等的通信要求，若有则做相应处理。

当 PLC 投入运行后，其工作过程一般分为三个阶段，即输入采样、程序执行和输出刷新（输入、执行、输出）。完成上述三个阶段称作一个扫描周期。在整个运行期间，PLC 的 CPU 以一定的扫描速度重复执行上述三个阶段。

① 输入采样阶段。在输入采样阶段，PLC 扫描所有输入端子，并将各输入端子的通/断状态存入相对应的输入映像寄存器中，刷新输入映像寄存器的值。此后，输入映像寄存器与外界隔离，无论外设输入情况如何变化，输入映像寄存器的内容也不会改变。输入端子状态的变化只能在下一个循环扫描周期的读取输入阶段才被拾取。这样可以保证在一个循环扫描周期内使用相同的输入信号状态。因此，需要注意，如果是脉冲信号，输入信号的宽度要大于一个扫描周期，否则很可能造成信号的丢失。

② 程序执行阶段。PLC 逐条执行用户程序，即按用户程序要求进行逻辑、算术运算，并将运算结果送到输出映像寄存器中。

在程序执行阶段，CPU 对用户程序按顺序进行扫描。如果程序用梯形图表示，则按先上后下、从左至右的顺序逐条执行程序指令。每扫描到一条指令，所需要的输入信号的状态均从输入映像寄存器中读取，而不是直接使用现场输入端子的通/断状态。在执行用户程序过程中，根据指令做相应的运算或处理，每一次运算的结果不是直接送到输出端子立即驱动外部负载，而是将结果先写入输出映像寄存器中。输出映像寄存器中的值可以被后面的读指令所使用。

③ 输出刷新阶段。输出刷新是指当所有的指令执行完毕时，集中把输出映像寄存器中结果通过输出转换部件转换成被控设备所需要的电压、电流信号，以驱动被控设备。

当执行完用户程序后，PLC 就进入输出刷新阶段。在此期间，CPU 按照 I/O 映像区内对应的状态和数据刷新所有的输出锁存电路，再经输出电路驱动相应的外设。这时，才是 PLC 的真正输出。输出锁存器的值一直保持到下次刷新输出。

在输出刷新阶段结束后，CPU 进入下一个循环扫描周期。

6.3.3　信捷 PLC 软元件

PLC 中的每一个输入/输出继电器、内部存储单元、定时器和计数器等都称为软元件。各软元件有其不同的功能，有固定的地址。软元件的数量决定了 PLC 的规模和数据处理能力，每一种 PLC 的软元件是有限的。

软元件是 PLC 内部具有一定功能的器件，这些器件实际上是由电子电路、寄存器及存储器单元等组成。例如，输入继电器由输入电路和输入映像寄存器构成；输出继电器由输出电路和输出映像寄存器构成；定时器和计数器也都由特殊功能的寄存器构成。它们都具有继电器的特性，但没有机械触点。为了把这种元器件与传统电气控制中的继电器区分开来，这里把它们称为软元件或软继电器。这些软继电器的最大特点是触点（包括常开触点和常闭触点）可以无限次使用。

　　编程时，用户只需记住软元件的地址即可。每一个软元件都有一个地址与之相对应，软元件的地址编排采用区域号加区域内编号的方式，即 PLC 内部根据软元件的功能不同，分成了许多区域，如输入/输出继电器区、定时器区、计数器区等（在信捷 PLC 中用 X、Y、T、C 等表示）。

（1）输入继电器 X

　　① 输入继电器的作用。输入继电器是用于接收外部的开关信号的接口，以符号 X 表示。

　　② 地址分配原则。在基本单元中，按 X0～X7，X10～X17…八进制数的方式分配输入继电器地址号。扩展模块的地址号，按第 1 路扩展从 X10000 按照八进制开始，第 2 路扩展从 X10100 按照八进制开始。

（2）输出继电器 Y

　　① 输出继电器的作用。输出继电器是用于驱动可编程控制器外部负载的接口，以符号 Y 表示。

　　② 地址分配原则。在基本单元中，按 Y0～Y7，Y10～Y17…八进制数的方式分配输出继电器地址号。扩展模块的地址号，按第 1 路扩展从 Y10000 按照八进制开始，第 2 路扩展从 Y10100 按照八进制开始。

（3）辅助继电器（M、HM、SM）

　　① 辅助继电器的作用。一般用辅助继电器是可编程控制器内部具有的继电器，其作用相当于继电器控制系统中的中间继电器。辅助继电器的状态（除某些特殊继电器外）也是由程序驱动的，也能提供无数对常开/常闭触点用于内部编程，以符号 M、HM 表示。这里 M 表示一般用继电器，HM 表示断电保持型继电器，后面所用到的继电器或寄存器中含有 H 则均为断电保持型。

　　特殊辅助继电器是指已经被系统赋予了特殊意义或功能的一部分继电器，通常从 SM0 开始。常见的特殊辅助继电器如表 6-1 所示

表 6-1　信捷常用特殊辅助继电器

地址号	功能	说明
SM0	运行常 ON 线圈	PLC 运行时一直为 ON
SM1	运行常 OFF 线圈	PLC 运行时一直为 OFF
SM2	初始正向脉冲线圈	PLC 开始运行后第一个扫描周期为 ON
SM3	初始负向脉冲线圈	PLC 开始运行后第一个扫描周期为 OFF
SM11	以 10ms 的频率周期振荡	
SM12	以 100ms 的频率周期振荡	
SM13	以 1s 的频率周期振荡	

② 地址分配原则。

在基本单元中，按照十进制数分配辅助继电器的地址（信捷 XC 系列 PLC 除 X、Y 外，其余都是十进制编址）。

注：辅助继电器有别于输入/输出继电器，它不能获取外部的输入，也不能直接驱动外部负载，只在程序中使用。

（4）状态继电器 S

它是作为流程梯形图使用的继电器，以 S 表示，不作为工序号使用时，与辅助继电器一样。另外，它也可作为信号报警器，用于外部故障诊断，通常与 STL 配合使用。

（5）定时器 T

定时器用于对 PLC 内 1ms、10ms、100ms 等时间脉冲进行加法计算，当到达规定值时，输出触点动作。它相当于电气控制中的时间继电器，但在 PLC 里定时器都是通电延时型。

根据时钟脉冲累计与否，定时器又分为累计与不累计两种模式。累计定时器表示即使定时器线圈的驱动输入断开，仍保持当前计数值，等下一次驱动输入导通时继续累计动作；而不累计定时器，当驱动输入断开时，计数自动清零。

① 不累计定时器。

100ms 定时器，T0～T99 共 100 点，定时范围 0.1～3276.7s；

10ms 定时器，T200～T299 共 100 点，定时范围 0.01～327.67s；

100ms 定时器，T400～T499 共 100 点，定时范围 0.001～32.767s。

不累计定时器用法如图 6-10 所示。

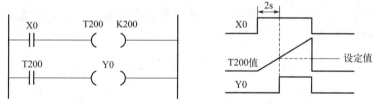

图 6-10　不累计定时器用法

② 累计定时器。

100ms 定时器，T100～T199 共 100 点，定时范围 0.1～3276.7s；

10ms 定时器，T300～T399 共 100 点，定时范围 0.01～327.67s；

100ms 定时器，T500～T599 共 100 点，定时范围 0.001～32.767s。

累计定时器用法如图 6-11 所示。

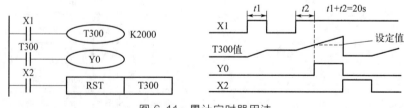

图 6-11　累计定时器用法

（6）计数器 C

计数器供 PLC 的内部计数使用，其响应速度为 1 个扫描周期或以上。内部计数用计数器按工作方式又可分为两种：

① 16 位增计数器：C0～C299，计数范围 1～32767；

② 32 位增/减计数器：C300～C598，计数范围－2147483648～2147483647。利用特殊的辅助继电器 M8238 指定所有 32 位增/减计数器的方向。

（7）数据寄存器

① 数据寄存器的作用。数据寄存器是供存储数据用的软元件，以符号 D、HD 表示。

② 地址分配原则。信捷 XD 系列 PLC 的数据寄存器都是 16 位的（最高位为符号位），将两个地址相邻的寄存器组合可以进行 32 位（最高位为符号位）的数据处理。在指定 32 位寄存器时，若指定了低位，如 D0，则默认其高位为后继的 D1。低位可用奇数或偶数的任意一种软元件来指定，建议低位采用偶数软元件编号。

数据寄存器的数值的读写一般采用应用指令。另外，也可通过其他设备，如人机界面向 PLC 写入或读取数值。

数据寄存器地址：一般使用（默认 D0～D3999）、停电保持用（默认 D4000～D7999）与特殊用（D8000 以后）。

（8）常数（B、K、H）

在可编程控制器所使用的各种数值中，B 表示二进制数值，K 表示十进制整数值，H 表示十六进制数值。它们被用作定时器与计数器的设定值和当前值，或应用指令的操作数。

6.3.4　PLC 的程序编制

（1）编程元件

PLC 是采用软件编制程序来实现控制要求的。编程时要使用到各种编程元件，它们可提供无数个动合和动断触点。

（2）编程语言

所谓程序编制，就是用户根据控制对象的要求，利用 PLC 厂家提供的程序编制语言，将一个控制要求描述出来的过程。PLC 最常用的编程语言是梯形图语言和指令语句表语言，且两者常常联合使用。

（3）信捷 PLC 简单指令

① 输入/输出指令（见表 6-2）。

表 6-2　输入/输出指令

助记符（名称）	指令格式	功能	梯形图表示	备注
LD（取正）	LD B	用于网络块逻辑运算开始的常开触点与母线的连接	⊢⊦	① 输出指令中 B 可为输出继电器、辅助继电器、定时器、计数器、数据寄存器等；
LDI（取反）	LDI B	用于网络块逻辑运算开始的常闭触点与母线的连接	⊢⊬	② LD、LDI 在分支起点处也可以使用；
OUT（输出）	OUT B	驱动线圈	◁▷	③ OUT 指令使用时应避免使用双线圈

② 触点串联指令（见表 6-3）。

表 6-3　触点串联指令

助记符(名称)	指令格式	功能	梯形图表示	备注
AND(与)	AND B	用于单个常开触点的串联连接	┤├	B 可为输出继电器、辅助继电器、定时器、计数器、数据寄存器等
ANI(与反)	ANI B	用于单个常闭触点的串联连接	┤/├	

③ 触点并联指令（见表 6-4）。

表 6-4　触点并联指令

助记符(名称)	指令格式	功能	梯形图表示	备注
OR(或)	OR B	用于单个常开触点的并联连接	┤├	B 可为输出继电器、辅助继电器、定时器、计数器、数据寄存器等
ORI(或反)	ORI B	用于单个常闭触点的并联连接	┤/├	

④ 置位/复位指令（见表 6-5）。

表 6-5　置位/复位指令

助记符(名称)	功能	梯形图表示	指令对象
SET(置位)	用于驱动线圈,令元件保持接通(ON)状态	─(S)─	Y、M、S 等
RST(复位)	用于清除线圈,令元件保持断开(OFF)状态	─(R)─	Y、M、S、C、D、T 等

6.4　触摸屏应用技术

触摸屏（touch panel）又称为触控屏、触控面板，是一种可接收触头等输入信号的感应式液晶显示装置，当接触了屏幕上的图形按钮时，屏幕上的触觉反馈系统可根据预先编制的程序驱动各种连接装置，可用以取代机械式的按钮面板，并借由液晶显示画面制造出生动的影音效果。

6.4.1　触摸屏主要结构

一个基本的触摸屏是由触摸传感器、控制器和软件驱动器作为三个主要组件。触摸屏与PLC 等终端连接后，可组成一个完整的监控系统。随着物联网等通信技术的发展，触摸屏支持的通信协议越来越多，这也使得触摸屏可连接的终端越来越丰富。常见触摸屏的接口如图 6-12 所示。

6.4.2　触摸屏应用设计原则

触摸屏画面由专用软件进行设计，然后通过仿真调试，认为正确后再下载到触摸屏。触摸屏画面总数应在其存储空间允许的范围内，各画面之间尽量做到可相互切换。

（1）主画面的设计

一般情况下，可用欢迎画面或被控系统的主系统画面作为主画面，如图 6-13 所示。该

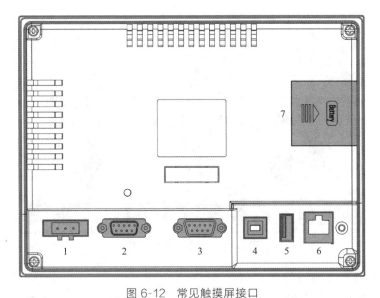

图 6-12 常见触摸屏接口

1—电源接口；2—串行通信接口；3—串行通信接口；4—USB 接口；5—USB 接口；

6—以太网端口；7—SIM 卡插座

画面可进入到各分画面。各分画面均能一步返回主画面。若是将被控系统的主系统画面作为主画面，则应在画面中显示被控系统的一些主要参数，以便在此画面上对整个被控系统有大致的了解。在主画面中，可以使用按钮、图形、文本框、切换画面等控件，如图 6-14 所示，实现信息提示、画面切换等功能。

图 6-13 触摸屏主画面

（2）控制画面的设计

控制画面主要用来控制被控设备的启停及显示 PLC 内部的参数，也可将 PLC 参数的设定加入其中。这种画面的数量在触摸屏画面中占得最多，其具体画面数量由实际被控设备决定。在控制画面中，可以通过图形控件、按钮控件，采用连接变量的方式，改变图形的显示形式，从而反映出被控对象的状态变化，如图 6-14 所示。

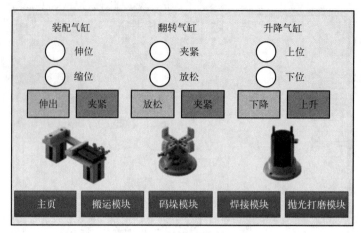

图 6-14　触摸屏控制画面

（3）参数设置画面的设计

参数设置画面主要是对 PLC 的内部参数进行设定，同时还应显示参数设定完成的情况。实际制作时还应考虑加密的问题，限制闲散人员随意改动参数，避免对生产造成不必要的损失。在参数设置画面中，可以通过文本框、输入框等控件的使用，方便快捷地监控和修改设备的参数，如图 6-15 所示。

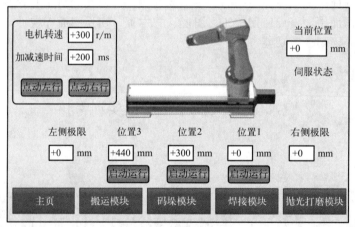

图 6-15　触摸屏参数设置画面

思考与练习

6-1　工业上常见的通信协议有哪些？

6-2　智能传感器的特点是什么？

6-3　在基本单元中，输入信号的地址编排规则是什么？（以 32 个输入点为例说明）

6-4　在基本单元中，输出信号的地址编排规则是什么？（以 32 个输入点为例说明）

6-5　一个基本的触摸屏由哪几部分组成？

第7章

工业机器人系统维护

知识目标

① 掌握工业机器人常规检查的基本方法。
② 掌握工业机器人本体和控制柜定期维护的基本方法。
③ 熟悉工业机器人电路检查的基本方法。

能力目标

① 能够根据需要制定工业机器人系统维护计划。
② 具备对工业机器人进行独立维护的能力。

工业机器人作为一种工业生产设备，为了确保性能良好，必须对其进行必要的检查和维护保养。设备维护保养的方法常有以下几种类型：

① 预防维护。这是一种在设备发生故障前，根据"预防为主""维护与检修相结合"的原则，进行有计划的维护。

② 例行保养。在每日或每周等固定时间进行设备检查、清洁、调整、润滑、零部件更换等活动。这样可以延缓设备老化速度，延长使用寿命，有效减少修理费用。

③ 改善维修。通过新工艺、新方法、新零部件的使用，除了将设备修好以外，还可实现设备运转能力的增强，而且给以后的维修作业带来方便。

④ 状态维修。根据设备状态监测的结果，采取有目标的维护维修活动，可以实现目标明确的定量维修，避免了预防维护和例行保养等无确定目标的全面维护维修。

需要说明的是，实际生产中维护保养方案的制定应该最大限度地从实际出发，既要满足设备高效可靠运转，又要尽量降低维护保养成本和工作量。为此按照设备在生产、运营中的地位，结构复杂程度以及使用、维护难度，可将其划分为重要设备、主要设备、一般设备等不同级别，以便于制定符合实际需要的维护保养方案。

7.1 工业机器人系统常规检查维护

工业机器人系统的常规检查与维护，是指每天或者每次使用工业机器人之前，对其进行

133

表 7-1 工业机器人常规检查点检表（样例）

年___月___

序号	检查项目	1	2	3	4	5	6	7	8	9	10	11	12	13	14	15	16	17	18	19	20	21	22	23	24	25	26	27	28	29	30	31
1	平台整洁，四周无杂物																															
2	开机后，各模块状态正常，无报警信息																															
3	示教器显示正常																															
4	急停按钮功能正常，其他按钮开关功能正常																															
5	气压回路接头、阀等无泄漏，压力表示数正常																															
6	运行过程平稳顺畅，无异响，异动																															
7	使用结束后，机器人返回原点，关闭电源																															
8	工具、附件等恢复原位，工作台清洁																															
	确认人签字																															

注：设备点检维护正常正常画"√"，异常画"△"，未运行画"/"。

的检查。只有各项检查正常，才能进行相关操作。如果发现异常，需要立即停止使用并由专业技术人员进行必要的维护，同时应将异常情况如实记录。

常规检查通常采用点检法，是通过听声音、看状态，或者使用简单的仪器，按照一定的标准、一定的周期，对设备规定的部位进行检查，以便在早期发现设备故障隐患，及时加以修理调整，使设备保持其规定功能的设备管理方法。常规检查的内容包括工业机器人本体、控制柜和附件各方面，在执行中通常从方便快捷的角度出发，结合实际情况有针对性地进行。表 7-1 为常规检查点检表样例。

① 平台整洁，四周无杂物。通过观察的方式完成，主要是在操作前确认工业机器人周围环境不存在异常情况，不存在可能会影响设备运行的杂物。

② 开机后，各模块状态正常，无报警信息。通过观察的方式完成，主要是观察工业机器人本体、控制柜、示教器所对应的状态指示灯是否正常亮起。特别是因为急停按钮被拍下，或上一次使用时异常状态未消除就关机而产生的报警信息等。

③ 示教器显示正常。通过观察的方式完成。示教器界面显示正常，且未出现异常报警信息。

④ 急停按钮功能正常。通过操作的方式完成。示教器显示正常后，按下急停按钮，查看对应的指示灯和示教器提示信息，然后复位急停按钮。确认急停按钮功能正常后，方可对设备进一步操作。

⑤ 气压回路接头、阀等无泄漏，压力表示数正常。通过听声音和观察的方式完成。当气压回路的接头和阀等泄漏较为严重时，会有气体泄漏的声音，同时压力表示数会偏低。另外，也可能存在压力过高的情况，需要及时调整。

⑥ 运行过程平稳顺畅，无异响、异动。注意使用过程中的设备状态，出现异常状况时应进行检查以及故障排除，并及时记录。

⑦ 使用结束后，机器人返回原点，关闭电源。以实际操作的方式完成。

⑧ 工具、附件等恢复原位，工作台清洁。以实际操作的方式完成，与初始状态一致，形成闭环。

日常检查完成后，要根据点检表的要求完成记录。

7.2　工业机器人本体定期维护

工业机器人本体定期维护也可以采用点检的形式进行，根据设备厂家建议和实际使用情况，确定点检内容。定期点检表格式可参考表 7-2。

表 7-2　工业机器人本体定期点检表（样例）　　　　　　　　　　　年

序号	检查项目	检查标准	月	日	月	日	月	日	月	日
1	清洁工业机器人	对平台进行清理								
2	检查工业机器人线缆、接头及接线端子	布线合理、线缆无破损开裂、接头无脱落等								
3	检查轴 1～3 机械限位	限位有效								
4	检查各部分外观	各处完好、无损坏								
5	检查信息标签、警示牌	完整、无损坏								

序号	检查项目	检查标准	月	日	月	日	月	日	月	日
6	检查上电接触器	功能正常								
7	检查同步带	无破损,功能正常								
8	更换电池组	电压符合要求								
9	更换润滑油(脂)	符合要求								
确认人签字										

注:设备定期点检维护正常画"√";异常画"△";并简要注明维护、维修、更换等内容。

① 清洁工业机器人。为保证工业机器人设备的高效正常运行,需要定期对其进行清洁,具体的清洁周期要结合实际作业环境确定。每次清洁前,要确保关闭工业机器人的所有电源,方可进入工业机器人的作业范围以内。可以使用抹布、清洁剂等将设备进行清洁,去除其表面的油污、灰尘等异物。

② 检查工业机器人线缆、接头及接线端子。工业机器人线缆主要是机器人本体和控制柜之间的线缆,包括伺服电机动力线缆、驱动器线缆、示教器线缆和用户线缆等。该内容主要是通过目视检查的方式完成。

③ 检查机械限位。机械限位主要是通过机械结构对运动范围进行限制,可以有效保障机器人运行中设备和人员安全。检查机械限位主要是查看限位装置或结构是否发生损坏、松动、变形等情况,以及是否能够有效起到限位作用。

④ 检查机器人壳体。机器人壳体主要是对内部零部件起到保护作用,同时对机器人机械结构起到支承作用。检查机器人的壳体主要检查其是否出现碰撞、磨损及裂纹等现象,特别是对于为了实现轻量化而采用的塑料外壳,应该确保对其进行定期检查。

⑤ 检查机器人信息标签。机器人各处信息标签起到说明、提示、警示等作用,应确保各处信息标签的完整清晰。信息标签的检查主要是通过目视检查完成。

⑥ 检查上电接触器。通过外观质量、触点接触情况、响应时间和动作可靠性等方面检查其功能是否正常。

⑦ 检查同步带。同步带是保证工业机器人运动精度的重要零部件,对其进行检查时主要是观察同步带及带轮是否出现磨损,以及使用张力计检测同步带张力值是否符合要求。检查各轴同步带时,需要将对应的外壳拆下。

⑧ 更换电池组。工业机器人中的电池组主要是用于在系统断电的情况下为转数计数器等模块供电。当电池电量不足时,需要及时更换电池组,以免影响设备正常使用。机器人外部电源接通频率和接通时长会对电池组使用寿命产生显著影响,因此需要根据实际使用情况确定电池组的更换周期。

⑨ 更换润滑油(脂)。润滑油(脂)可以在设备摩擦副之间起到润滑作用,有效减小摩擦,增加散热,同时还能起到密封、防锈以及滤除杂质等作用,因此需要定期对其进行检查维护。通常可以使用铁粉检测仪检测润滑油(脂)中所含铁粉浓度,并与规定值进行比较,以此来判定润滑油(脂)是否需要更换。润滑脂铁粉浓度对比值参考表 7-3。

表 7-3　润滑脂中铁粉浓度对比值

润滑脂状态等级	铁粉含量判定基准值/%Wt	处理方法
正常值	小于 0.05	继续正常使用
注意值	0.05~0.1	继续使用三个月后复检

续表

润滑脂状态等级	铁粉含量判定基准值/%Wt	处理方法
注意值	0.1~0.2	① 补充或更换油脂； ② 继续使用，每月复检； ③ 精密诊断，分析原因
异常值	大于0.2	更换油脂

注：%Wt 表示每 100g 润滑脂混合物中强磁性铁的含量。

各项定期检查完成后，要根据点检表的要求完成记录，更多具体操作方法参见本书实操部分相应章节。

维护中需要注意：

① 机器人减速器与电机是保证机器人运行精度的关键零部件，在进行安装和更换时，要严格按照维护手册的内容进行，错误的安装和使用方法都将使机器人的运行失去精度；

② 更换电机时要根据所换关节轴电机不同，调整机器人停止姿态，并做好机器人固定防护措施，防止机器人在关节轴更换电机时发生移动；

③ 一旦更换了电机、减速器和齿轮，就需要执行校对型号操作，运输和装配较重部件时，应格外小心。

7.3 工业机器人控制柜定期维护

工业机器人控制柜定期维护也可以采用点检的形式进行，根据设备厂家建议和实际使用情况，确定点检内容。点检表格式可参考表 7-4 样例。不同的零部件因其自身特性、使用频率和使用环境的不同，维护周期不尽相同，在制定维护计划时，可以统一按最短周期执行，也可以根据需要，不同的零部件采用不同的维护周期。

表 7-4 工业机器人控制柜定期点检表（样例）　　　　　　　　年

序号	检查项目	检查标准	月	日	月	日	月	日	月	日
1	外观	完好								
2	散热风扇	清洁、完好，功能正常								
3	接插头	牢固，无脱落								
4	接线端子	无松动，无脱落								
5	线缆	无破损								
6	开关按钮	完好，操作顺畅								
7	标识	完整，清晰								
8	通信	正常								
9	急停旋钮	完好，正常								
10	安全回路	功能正常								
确认人签字										

注：设备定期点检维护正常画"√"；异常画"△"，并简要注明维护、维修、更换等内容。

① 清洁示教器。示教器是实现对机器人进行控制的重要设备，对其进行定期的清洁维护，可以确保示教器操作灵敏，显示清晰。示教器的清洁宜采用拧干的纯棉湿毛巾（防静电）进行擦拭，必要时可以使用经稀释后符合要求的中性清洁剂。

② 散热风扇检查。散热风扇正常工作，可以实现对控制柜内部进行温度调节，给控制器各元器件营造适宜的运行环境，因此需要制定合理的定期维护计划。实施维护作业之前，要确保关闭总电源。维护检查的主要内容是查看叶片是否完整，是否出现损坏或破裂等现象，以及拨动风扇时转动是否顺畅。

③ 散热风扇清洁。长时间工作后，散热风扇的叶片及轮轴上会积攒灰尘，灰尘的存在一方面会影响风扇自身运转，另一方面可能会落入控制柜影响内部元器件运行，因此需要结合实际情况制定散热风扇定期清洁的维护计划。清洁散热风扇时，可先用毛刷进行清扫，然后再用手持式吸尘器清洁残留的灰尘。

④ 控制柜内部清洁。为保持控制柜内部洁净的运行环境，需要对控制柜内部进行定期的清洁维护。清洁作业前，要关闭控制柜主电源。打开控制柜柜门或挡板后，使用手持式吸尘器对控制柜内部的灰尘进行吸取。

⑤ 检查控制柜各处线缆接、插头是否松动。线缆接头松动或脱落会造成信号与电源传输不稳定或者中断，因此需要定期对各处线缆接头或插头进行检测。检测的方法是用螺丝刀检查紧固螺钉是否松动以及目测是否有脱落现象。

⑥ 恢复性检查。在前述各项检查完成后，需要重新给系统上电，查看工业机器人有无报警信息，以验证没有在前述各项检查过程中造成破坏。

各项定期检查完成后，要根据点检表的要求完成记录，更多具体方法参见本书实操部分相应章节。

7.4　控制柜控制原理图识读与电路检查

7.4.1　控制原理框图

图 7-1 为某型号工业机器人控制原理框图，通过该图可识读机器人的控制方式及各部分的功能。图 7-2 为控制柜内部结构图。

主电源接触器：按钮使接触器信号线圈得电，主电源端子吸合。

熔断器：保证整个回路处于正常状态，起到保护作用。

温控开关：控制控制柜的温度。

开关电源：220V 交流电转变成 24V 直流电。

接地端子：保护作用。

7.4.2　安全板

安全板可以实时显示机器人运行状态，见图 7-3。当机器人运行时，①区域指示灯亮起，说明驱动器有故障，可核对故障代码确认故障；②区域任何指示灯熄灭，说明伺服存在问题，按下伺服按钮即可；③区域指示灯正常时不亮，如果机器人的任何一个轴出现问题，相应的指示灯会亮起，即可判别是哪一个轴出现问题。

安全板布局如图 7-4 所示，各部分基本功能如下：

1 区域：控制继电器供电电源输入，DC 24V（24VP 接 "＋"），其中 F1 为熔断器，额定电流为 5A。

2 区域：电机抱闸电源输入，DC 24V，（24V＋接 "＋"），其中 F2 为熔断器，额定电流为 10A。

3 区域：驱动报警控制继电器和指示灯。

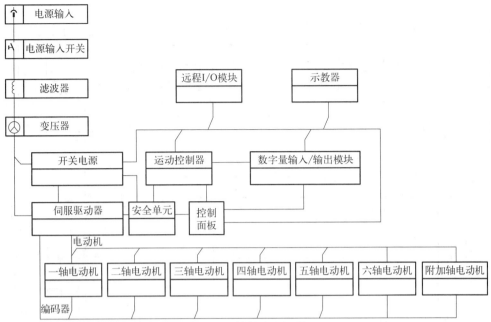

图 7-1　控制原理框图

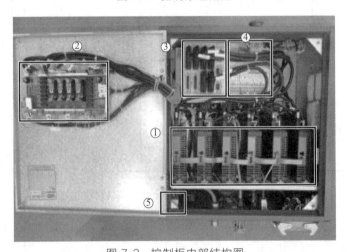

图 7-2　控制柜内部结构图

①—主电接触器；②—熔断器；③—温控开关；④—开关电源；⑤—接地端子

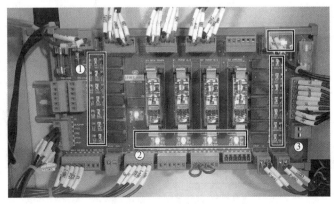

图 7-3　安全板照片

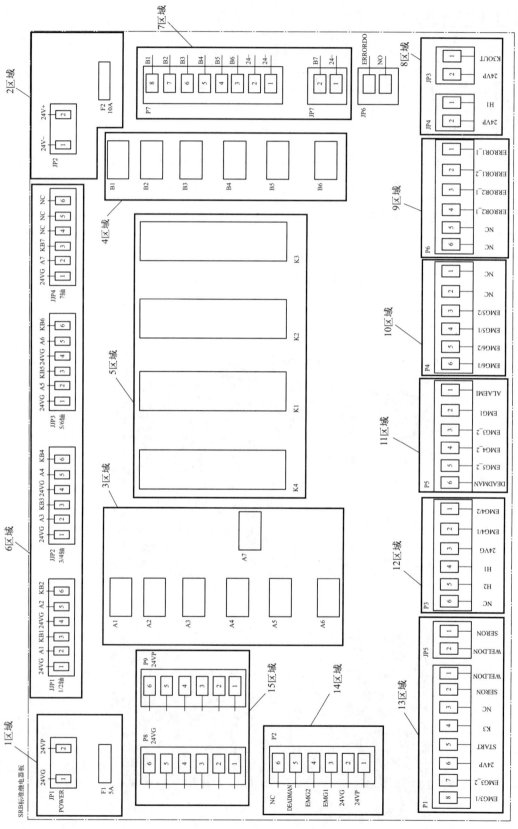

图 7-4 安全板布局图

4 区域：电机抱闸控制继电器和指示灯。

5 区域：急停、主电和错误信号控制继电器。

6 区域：7 个电机轴的驱动器报警和抱闸控制输入信号，其中 A1～A7 为驱动器报警控制输入信号，KB1～KB7 为抱闸控制输入信号，这 2 个信号由驱动器输入到安全电路板。

7 区域：抱闸输出信号和 24V－。

8 区域：K3OUT 是主电接触器输出引脚，当主电接触器正常工作时，其触点闭合，H1 引脚和 24VP 短接，主电指示灯亮，代表主电正常给驱动器供电。

9 区域：将错误信号输出给外部 PLC。

10 区域：外部急停按钮 1、2，需要将这 4 个引脚分别短接，其中 EMG6/1 与 EMG6/2 短接，EMG5/1 与 EMG5/2 短接。

11 区域：控制柜急停按钮 1、2，外部急停按钮 1、2，手压开关和 ALARMI 驱动报警等信号输出给运动控制器的 I/O 口。

12 区域：EMG4/1 和 EMG4/2 连接外部急停按钮 2，H1 和 H2 分别连接面板上的主电指示灯和伺服报警指示灯。

13 区域：单独的一个连接端子的 WELDON（焊接使能）和 SERON（权限转换）引脚都连接到运动控制器的 I/O 口，主要用于将这 2 个信号输出给运动控制器。左边的 8 个引脚的端子中的 EMG3/1 和 EMG3/2 连接外部急停按钮 1，START 连接到外部启动按钮，K3 连接到安全板上的主电控制继电器。

14 区域：连接到示教器上，其中 DEADMAN 连接到手压开关按钮上，EMG1 和 EMG2 连接到示教器急停按钮上，并将 24VP 与 EMG1 短接。

15 区域：24VP 和 24VG 扩展端子，用户可以在安全板上的这 2 排引脚上引出 DC 24V 电压给外部供电。

7.4.3　控制电路维护的基本方法

工业机器人控制柜电路的维护除物理连接检查外，还需要进行电气通路的检测。工业机器人控制柜电路维护任务操作如表 7-5 所示。

表 7-5　控制柜电路维护步骤

序号	操作步骤
1	断开控制柜电源
2	打开控制柜的柜门，使用干净的擦机布，将工业机器人控制柜的灰尘清理干净
3	检查伺服驱动器单元接地是否正常，控制回路是否正常，并做好记录
4	使用数字万用表检查控制柜安全单元，测试安全控制回路是否正常，并做好记录
5	使用数字万用表检查控制柜扩展 I/O 板，测试 I/O 控制回路是否正常，并做好记录
6	查看控制柜内部电缆有无松动，线号有无破损，并做好记录

7.5　工业机器人维护管理制度

设备的检查维护应该制定明确的管理制度，科学合理的管理制度是确保设备高效可靠运转的重要保障。以下管理制度内容可供参考。

① 操作人员检修、维护中应以主人翁的态度，做到正确使用，精心维护，用严肃的态

度和科学的方法维护好设备，坚持"维护与检修并重，以维护为主"的原则，严格执行岗位责任制，确保在用设备完好。

② 操作人员对所使用的设备，通过岗位练兵和学习技术，做到"三懂、三会"（懂结构、懂性能、懂用途；会使用、会维护保养、会排除故障），并有权制止他人私自动用自己岗位的设备；对未采取防范措施或未经主管部门审批，超负荷使用的设备，有权停止使用；发现设备运转不正常、超期未检修、安全装置不符合规定应立即上报，若不立即处理和采取相应措施，则立即停止使用。

③ 操作人员，必须做好下列各项主要工作：

a. 正确使用设备，严格遵守操作规程，启动前认真准备，启动中反复检查，停止后妥善处理，运行中做好观察，认真执行操作指标，不准超温、超压、超速和超负荷运行。

b. 精心维护，严格执行巡回检查制，定时巡回检查路线，对设备进行仔细检查，发现问题及时解决、排除隐患，无法解决及时上报。

c. 做好设备清洁、润滑，保持零件、附件及工具完整无缺。

d. 掌握设备故障的预防、判断和紧急处理措施，保持安全防护装置完整好用。

e. 设备按计划运行，定期切换，配合检修人员做好设备的维修工作，使其经常保持完好状态，保证随时可启动运行；对备用设备要定时检查，做好防冻和防凝等工作。

f. 认真填写设备运行记录及操作日记。

g. 保持设备和环境清洁卫生。

思考与练习

7-1　根据所学内容，绘制一张工业机器人常规检查的点检表。

7-2　根据所学内容，绘制一张工业机器人定期检查的点检表。

7-3　简要说明工业机器人控制电路维护的基本方法。

第 8 章

工业机器人系统故障诊断及处理

知识目标

① 掌握工业机器人常见故障分类。
② 掌握工业机器人故障排除思路及应遵循的原则。
③ 掌握故障诊断与排除的基本方法。
④ 掌握工业机器人本体故障诊断及处理。
⑤ 掌握工业机器人控制柜故障诊断及处理。
⑥ 掌握位置传感器故障诊断及处理。

能力目标

① 能够对工业机器人一般故障进行分析和排除。
② 具备防范和处理工业机器人较复杂故障的能力。
③ 具备在故障的分析、排除过程中不断总结、提高的能力。

8.1 工业机器人常见故障分类

工业机器人全部或部分丧失了系统规定的功能，这种情况，称为工业机器人出现了故障。工业机器人设备不能启动是故障，设备能够启动，但是不能完成系统的工作要求，如精度不合格、抓取重量不够额定重量等，这些情况也是故障。为了对工业机器人的故障有系统的认识，从不同的角度对工业机器人在工作过程中产生的故障进行分类。

（1）以故障的起因分类

首先以故障的起因对工业机器人在工作过程中出现的各种故障进行分类。从故障的起因看，工业机器人的故障分为非关联性故障和关联性故障。非关联性故障是指和工业机器人产品本身无关，而是由各种外部因素造成的故障，如运输中的撞击，安装时某些部分未按要求安装到位等情况也会造成故障。关联性故障是指工业机器人本身的设计、制造或者结构缺陷导致的故障。关联性故障又分为固有性故障和随机性故障。固有性故障是指满足一定的条件就会发生的故障，而随机性故障在完全相同的条件下有时候发生，有时候不发生，这给故障的诊断和处理带来了不少麻烦。

（2）以故障的时间分类

从故障出现的时间上看，工业机器人故障又分为随机故障和有规则故障。随机故障的发生时间是随机的；有规则故障的发生有一定的规律性。

（3）以故障发生过程分类

从故障发生的过程来看，工业机器人故障又分为突然故障和渐变故障。突然故障是指工业机器人在正常使用过程中，事先并无任何故障征兆而突然出现的故障。突然故障的例子有：因工业机器人使用不当或出现超负荷运行而引起的抓取物掉落。渐变故障是指在发生故障前的某一时期内，已经出现故障的征兆，但此时（或在消除系统报警后），工业机器人还能够正常使用，并不影响加工。渐变故障与材料的磨损、腐蚀、疲劳及蠕变等过程有密切的关系。

以上为工业机器人故障的主要分类方式。此外，从故障的影响程度来看，工业机器人的故障可分为完全失效故障和部分失效故障；从故障的严重程度来看，工业机器人的故障分为安全性故障和危险性故障；从故障产生的性质来看，工业机器人的故障可以分为软件故障、硬件故障和干扰故障。

对故障进行认真细致的分类和总结有利于对故障进行精确的定位、分析、诊断和处理。

8.2　工业机器人故障排除思路及应遵循的原则

对工业机器人故障调查、分析与诊断的过程其实也就是故障的排除过程。在工业机器人故障排除过程中，应遵循以下几条原则。

（1）先外后内

工业机器人是集合了机械、液压、气动、电气等多种系统为一体的复杂设备，一般的故障都会从这些方面反映出来。当故障发生后，应该从外向内逐步检测，对行程开关、按钮、电路板连接、接线等部位首先进行检测和分析，不要随意对内部设备进行拆卸。

（2）先机后电

对于工业机器人来说，故障有很大一部分是由机械动作失效引起的，在故障检修之前先排除机械方面的故障可以提高维修效率。

（3）先静后动

在故障的排除过程中，首先要在静态的状态下，通过观察、分析，确认通电不会产生破坏，才可进行通电的动态观察、检验和测试。

（4）先全局后局部

对于影响全局的问题首先分析，先解决了全局的问题，局部的问题才有解决的基础。

（5）先简单后复杂

工业机器人在工作过程中发生的故障有时候多种原因交织，一时无从下手，这个时候先解决容易的问题，将容易的问题一一排除，难度大的问题才能清晰化、明朗化。

（6）先一般后特殊

对于具体的故障，首先要考虑一般性的问题原因，排除了一般性的问题原因后再考虑特殊原因。

8.3　故障诊断与排除的基本方法

工业机器人的故障诊断与排除的基本过程分为故障原因的调查和分析、故障的排除、经验和教训的总结三个阶段。

（1）故障原因的调查与分析

这是故障诊断与排除的第一阶段，是非常重要的阶段。工业机器人出现故障后，不要急于动手处理，而是首先要弄明白故障发生的全部过程，分析故障的原因。

① 询问调查。在做出初步判断之前保持故障状态，询问操作者故障指示情况、故障现象、故障产生背景等情况，做出初步判断。

② 现场检查。检查工业机器人故障各种情况，包括故障现象、故障发生时的外部条件、故障指示等。

③ 故障分析。根据已知故障类型，按故障分类办法分析故障类型。一般情况下，大多数故障都是有指示的，对照系统诊断手册或者使用说明书，可以分析解决多数故障问题。对于较复杂的问题，需要使用机、电、液、气综合分析法，从不同角度对同一故障进行分析诊断。此外，备件替换法、电路板参数测试法、隔离法、测量比较法等也常用于工业机器人故障分析。

④ 原因确定。根据故障分析结果，找出本次工业机器人故障的真正原因。目前工业机器人系统的故障诊断功能还没有达到完全智能，不能将故障具体到某一部位。有的时候根据系统诊断，工业机器人的某一部分有故障，但是实际上是别的部分引起的故障。在这种背景下，检修人员在确定故障原因的时候需要把可能引起该故障的原因都列举出来，再一一筛查和排除，最终确定故障原因。

⑤ 故障排除准备。对于简单的故障，故障原因的确定往往意味着故障的排除，但是对于复杂的故障，还需要做准备工作，如工具书的准备，修理工具、仪器、仪表的准备，机械零部件、电子元器件的购买等。

（2）故障的排除

这是故障诊断与排除的第二阶段，也是具体的动手实施阶段。在第一阶段，完成了故障原因的调查与分析，那么故障的排除也就基本清楚了，按照相关操作规程即可具体实施故障的排除。

（3）故障维修的经验和教训的总结

本阶段是针对故障诊断与排除的过程进行详细记录，包括故障的发生、分析、判断、排除全过程中出现的各种问题，采取的各种措施，涉及的图纸、相关数据都要详细记录，在故障排除中，找出普遍问题，从而达到提高的目的。在故障维修与排除过程中出现的各种问题，如分析错误、维修工具不足、备件短缺等也应该详细记录，并分析原因。

只有这样，才能够提高个人理论水平和维修能力，做到对重复性故障迅速应对，对减少故障率，提高生产效率，改进操作、维修规程都有重要的意义。

8.4　工业机器人本体故障诊断及处理

工业机器人的本体一般指的是主要由传动部件、机身及行走机构、关节等部分构成的工业机器人的机械结构，但是作为高度集成机、电、液、气等技术于一身的高技术产品，一般将工业机器人本体看作由以下五部分组成：①本体机械结构，包括液压、气动、润滑系统；②伺服驱动单元，驱动工业机器人按照预定的轨迹运动；③数字控制系统，计算并发出指令控制伺服驱动单元；④传感系统，包括关节伺服驱动系统的位置传感器（内部传感器）和力觉、触觉、接近等类型的传感器（外部传感器）；⑤I/O系统，即输入输出系统。

在工业机器人工作过程中，出现的主要故障一般为机械噪声问题、电机过热问题、齿轮箱油液泄漏污染问题、关节故障问题。

出现了机械噪声问题，一般怀疑为轴承失效。失效的轴承会导致工业机器人运动精度下降，严重时甚至会完全抱死。该故障主要由以下原因引起：①轴承磨；②轴承圈内进入异物；③润滑不充分。噪声如果从齿轮箱发出，则有可能是由齿轮箱过热引起。对于噪声故障的处理，表8-1为其标准操作。

表8-1 机械噪声处理

序号	操作
1	按照安全要求接近工业机器人
2	确定产生噪声的轴承
3	确保轴承润滑
4	拆开接头测量间距
5	更换与轴承集成的一体电机
6	正确装配轴承
7	检查齿轮箱过热问题,保证齿轮箱内油的质量、高度(过高过低都不行)、压力

对于齿轮箱油液泄漏污染的故障，可能有以下原因引起：①齿轮箱与电动机之间的防泄漏密封损坏；②油面过高；③齿轮箱油过热。要排除该故障，需要采取表8-2的操作。

表8-2 齿轮箱油液泄漏污染故障处理

序号	操作
1	按照安全要求接近工业机器人
2	检查所有的密封和垫圈
3	检查齿轮箱油面高度
4	检查齿轮箱过热问题,保证齿轮箱内油的质量、高度(过高过低都不行)、压力

8.5 工业机器人控制柜故障诊断及处理

工业机器人控制柜是工业机器人的控制单元，可以看成是工业机器人的中枢，一般由示教器、操作面板及其电路板、主板、主板电池、I/O板、电源供给单元、紧急停止单元、伺服放大器、变压器、风扇单元、线路断开器、再生电阻等构成。操作者可使用示教器和操作面板对控制柜进行操作。

软故障是控制柜多发的故障。对于这类故障，应该首先查看故障报警信息，分析找出问题的原因，采取措施解决问题。控制柜各单元的故障也是控制柜的多发故障。在初步检查发现问题出在控制柜内部后，需要根据发出的报警信息，对照工业机器人维护手册，正确判断故障原因并对其进行处理。注意，在控制柜各单元故障的诊断和处理过程中，需要按照以下要求及安全规范进行作业。

① 打开控制柜的门时，务必先切断一次电源，并注意不要让周围的灰尘入内。

② 手触摸控制柜内的零件时，必须将油污等擦干净后再进行，尤其是要触摸印刷基板和连接器等部位时，应充分注意避免静电放电等损坏 IC 零件。

③ 一边操作工业机器人本体一边进行检修时，禁止进入工业机器人运动部件动作范围之内。

④ 电压测量应在指定部位进行，并充分注意防止触电和接线短路。

⑤ 禁止同时进行机器人本体和控制柜的检修。

除了控制柜软故障和控制柜各单元故障之外，工业机器人周边设备以及电机的故障也是很常见的控制柜故障。

8.6　位置传感器故障诊断及处理

传感器在工业机器人控制中起着关键的作用。工业机器人上应用的传感器按照要求和作用，分为内部传感器和外部传感器。其中，内部传感器用于确定机器人在其自身坐标系中的位置，是完成运动控制所必须的传感器，多数用来测量位移、速度、加速度等。例如，测量回转关节位置的轴角编码器、测量速度以控制运动的测速计。外部传感器指的是工业机器人用来检测机器人所处的环境、外部状态、自身与外部的关系所使用的传感器。例如，力觉传感器、接近传感器等。无论是哪种传感器，都需要满足如下要求：

① 精度高，重复性好；

② 稳定性好，可靠性高；

③ 抗干扰能力力强；

④ 重量轻、体积小，安装方便可靠；

⑤ 价格便宜，安全性好。

工业机器人的内部传感器主要用于检测机器人本身的状态，尤其是它的位置。内部传感器以工业机器人本身的坐标轴来确定位置，一般安装在关节上，用来检测各关节的位置和位移量。工业机器人控制系统根据传感器反馈的位置信息，对误差进行补偿。

出现位置传感器故障时，机器人通常会运行到该位置传感器所检测的位置时，不能正确做出相应的动作处理，这时则要根据工业机器人的动作判断是哪一个传感器出现了故障。找到出现问题的传感器后首先检查传感器电源是否正常，使用万用表测量传感器两端电源电压是否正常，如果出现供电不正常的问题，应查找工业机器人电路的接线是否正常。在测试传感器供电正常后，应该测试传感器是否有输出，根据传感器的种类选择合适的测试工具，比如电感传感器，需要使用金属材料靠近传感器，再使用万用表测量输出端是否能够正常输出。如果传感器在供电都正常的情况下依然不能正常输出，则可以判断传感器损坏，需要更换传感器。

在保证传感器供电正常并且测试输出也正常的情况下，工业机器人仍然不能正常运行，则需要检查一下传感器输出端到控制器之间的线路是否正常，测量传感器检测到物体时控制器是否有信号输入。

思考与练习

8-1　请叙述工业机器人常见故障分类。

8-2　工业机器人故障排除思路及应遵循的原则有哪些？

8-3　故障诊断与排除的基本方法有什么？

8-4　请叙述齿轮箱油液泄漏污染故障处理过程。

8-5　工业机器人本体、控制柜、位置传感器的故障分析与排除都有哪些需要注意的方面？

8-6　叙述工业机器人对传感器的要求。

第2部分

实操与考证（埃夫特本体）

第9章

项目一：工业机器人操作安全

项目引入

　　本项目详细讲解了操作工业机器人须执行的通用安全操作规范和通用安全操作要求，并设定相应实训任务，使学生通过实操掌握工业机器人安全操作规范。

技能目标

　　① 能够全面了解工业机器人系统安全风险。
　　② 能遵守通用安全操作规范实施工业机器人作业。
　　③ 能正确穿戴工业机器人安全防护装备。

9.1　任务一：执行通用安全操作规范

【任务要求】

　　根据某机器人工作站的安全操作指导书，了解机器人系统中存在的安全风险，并能够在操作机器人系统之前正确穿戴工业机器人安全护具。本任务具体包括以下目标：
　　① 了解机器人系统安全风险。
　　② 学会正确穿戴安全护具。

【工具准备】

　　安全操作指导书、安全帽、工作服、劳保鞋。

【任务实施】

9.1.1　机器人系统安全风险

（1）机器人系统非电压相关的风险
　　① 在系统上操作时，确保没有其他人可以触碰机器人系统的电源。

② 采用非直接坐落于地面的安装方式中的风险。

③ 释放制动闸时，轴会受到重力影响而产生坠落的风险。

④ 拆装机械单元时，物体掉落的风险。

⑤ 注意运行中或运行过后的机器人及控制器中存有的热能。

⑥ 攀登或者踩踏机器人存在的风险。

（2）机器人系统电压相关的风险

① 带电处理机器人故障的风险。

② 机器人主电源安装位置的风险。

③ 作业时其他人可以打开机器人系统的电源的风险。

④ 控制器部分元器件带高压电的风险。

⑤ 工具、物料搬运装置等的带电风险。

⑥ 机器人电容与电池在拆卸时放电的风险。

具体内容详见第1部分技能基础中的1.1.2节中相关安全风险，要详细熟悉每个风险内容并根据设备进行推演，也可以互相之间进行提问以加深记忆。

9.1.2　穿戴安全护具

工业机器人操作与运维人员需要按照要求正确穿戴安全帽、工作服和劳保鞋。各护具作用及正确穿戴图如表9-1所示，穿戴的具体要求如下：

① 佩戴安全帽时，头发尽量不要外露，长发者可将头发盘于帽内，需正确调整帽衬松紧、拉紧帽绳，防止操作工业机器人时安全帽脱落，引起不必要的危险。

② 穿戴的工作服要合身，领口和袖口束紧，内衣物不要外露。

③ 不佩戴首饰，尤其是指部和腕部。

④ 劳保鞋鞋带要系紧。

⑤ 操作示教器时不能戴手套。

表 9-1　常见安全护具说明

序号	说明	图示
1	①安全帽的作用：能对人的头部受坠落物及其他特性因素引起的伤害起防护作用 ②工作服的作用：为工作需要而特制的服装，防止机器人系统零部件尖角或操作机器人动作时末端工具划伤工作的人员	 安全帽和工作服
2	劳保鞋的作用：对足部有安全防护作用，防止零部件掉落时砸伤操作人员。工业机器人操作与运维人员应根据工作环境的危害性质和危害程度选用劳保鞋	 劳保鞋

9.2　任务二：了解通用安全操作要求

【任务要求】

根据某机器人工作站的安全操作指导书，了解工业机器人安全操作注意事项和机器人本体的安全对策，掌握安全操作要求。本任务具体包括以下目标：

① 掌握在调整、操作、维护保养等作业时要注意的安全事项。

② 学会使用工业机器人本体时的安全对策，并注意在操作时避免发生事故。

③ 学会工业机器人操作时常用沟通手势。

【工具准备】

安全操作指导书、安全帽、工作服、劳保鞋。

【任务实施】

9.2.1　调整、操作、维护保养等作业的安全注意事项

① 作业人员必须穿戴工作服、安全帽、劳保鞋等。

② 接通电源时，应确认机器人的工作范围内没有作业人员。

③ 必须切断电源后，方可进入机器人的工作范围内作业。

④ 检修、维护保养等作业必须在通电状态下进行时，应两人一组进行作业。一人保持可立即按下急停按钮的姿势，另一人则在机器人的动作范围内保持警惕并迅速进行作业。此外，应确认好撤退路径后再进行作业。

⑤ 机器人手腕部位及机械臂上的负荷必须控制在额定负载和允许的转矩以内。如果不遵守负载和转矩的规定，会导致异常动作发生或机械构件提前损坏。

⑥ 禁止进行维修手册未涉及部位的拆卸和作业。机器人配有各种自我诊断功能及异常检测功能，即使发生异常也能安全停止。即便如此，机器人造成的事故仍然时有发生。

9.2.2　机器人本体的安全对策

① 机器人的设计应去除不必要的突起或锐利的部分，使用适应作业环境的材料，采用动作中不易发生损坏或事故的故障安全防护结构。此外，应配备在机器人使用时的误动作检测停止功能和紧急停止功能，以及周边设备发生异常时防止机器人危险性的联锁功能等，保证安全作业。

② 机器人主体为多关节的机械臂结构，动作中各关节角度不断变化。在进行示教等作业必须接近机器人时，注意不要被关节部位夹住。各关节动作端设有机械挡块，被夹住的危险性很高，尤其需要注意。此外，若拆下伺服电机或解除制动器，机械臂可能会因自重而掉落或朝不定方向乱动，因此必须实施防止掉落的措施，并确认周围的情况安全后，再进行作业。

③ 在末端执行器及机械臂上安装附带机器时，应严格使用规定尺寸、数量的螺钉，使用扭矩扳手按规定扭矩紧固。此外，不得使用生锈或有污垢的螺钉。规定外的和不完善的紧固方法会使螺钉出现松动，会导致重大事故发生。

④ 应采用故障安全防护结构，即使末端执行器的电源或压缩空气的供应被切断，也不致发生安装物被放开或飞出的事故，并对边角部位或突出部位进行处理，防止对人、物造成损害。

⑤ 严禁供应规格外的电力、压缩空气、焊接冷却水，避免影响机器人的动作性能，引起异常动作或故障、损坏等危险情况发生。

⑥ 电磁波干扰虽与其种类或强度有关，但以当前的技术尚无完善对策。机器人操作中、通电中等情况下，应遵守操作注意事项规定。由于电磁波、其他噪声及基板缺陷等原因会导致所记录的数据丢失，因此应将程序或常用数据备份到闪存卡（compact flash card）等外部存储介质内。

⑦ 大型系统中由多名作业人员进行作业，必须在相距较远处进行交谈时，应通过使用手势等方式正确传达意图。环境中的噪声等因素会使语言意思无法正确传达，从而导致事故发生。常用工业机器人操作沟通手势如图 9-1 所示。

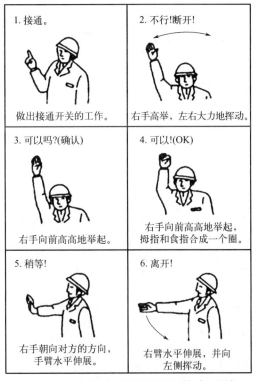

图 9-1　工业机器人操作沟通手势（示例）

⑧ 作业人员在作业中，也应随时保持逃生意识。必须确保在紧急情况下，可以立即逃生。

⑨ 时刻注意机器人的动作，不得背对机器人进行作业。对机器人的动作反应缓慢，也会导致事故发生。

⑩ 发现有异常时，应立即按下示教器急停按钮。必须彻底贯彻执行此规定。

⑪ 应根据设置场所及作业内容，编写机器人的启动方法、操作方法、发生异常时的解决方法等相关的作业规定和核对清单，并按照该作业规定进行作业。仅凭作业人员的记忆和知识进行操作，会因遗忘和错误等原因导致事故发生。

⑫ 不需要使机器人动作时，切断电源后再进行作业。

⑬ 示教时，应先确认程序序号或步骤序号，再进行作业。错误地编辑程序和步骤，会导致事故发生。

⑭ 对于已经完成的程序，应及时使用存储保护功能，防止误编辑或丢失。

⑮ 示教作业完成后，应以低速状态手动慢速检查机器人的动作。如果立即在自动模式下以高速运行，可能因程序错误等导致事故发生。

⑯ 示教作业结束后，首先使机器人回到原点或安全位置，再关闭电源，然后进行清扫作业，确认有无忘记拿走的工具。作业区被油污染、遗忘了工具等情况，会导致摔倒等事故发生。

思考与练习

9-1 简述机器人系统非电压相关风险。

9-2 简述操作机器人前穿戴装备的具体要求。

9-3 简述调整、操作、维保等作业的安全注意事项。

第 10 章

项目二：工业机器人系统安装

项目引入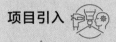

　　围绕工业机器人操作与运维岗位要求和企业实际生产中的机器人系统安装、测量工具的使用等工作内容，就机械拆装与测量、识读技术文件、安装工业机器人及其系统等内容设置了相应的实训任务，使学生通过实际操作来掌握工业机器人系统的安装。

技能目标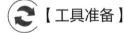

　　① 能够正确使用工具对未拆包的工业机器人系统进行拆包。
　　② 能够正确识读技术文件。
　　③ 会正确安装工业机器人及工业机器人系统。

10.1　任务一：机械拆装与测量

【任务要求】

　　将未拆包的工业机器人、工业机器人控制柜、示教器从包装箱中取出，根据具体的安装环境及实际情况选择必要的拆包工具，按拆包步骤完成工业机器人系统的拆包。

【工具准备】

　　斜口钳、一字形螺丝刀、纯棉手套、实训指导书

【任务实施】

10.1.1　工业机器人拆包前的准备

　　① 第一时间检查外观是否有破损、进水等异常情况，如果有问题马上联系厂家及物流公司进行处理；
　　② 观察外包装形式，选择合适的拆包工具。

10.1.2　工业机器人拆包流程

① 剪断包装箱上的绑带；
② 拆木箱时先拆木箱顶盖，再拆木箱四周。

10.1.3　清点装箱物品

工业机器人是由机器人本体、驱动系统及控制系统三部分组成的。在标准的发货箱中机器人系统包括四项内容：机器人本体、机器人控制柜、供电电缆（机器人本体与控制柜之间的电缆）、示教器等。另外会有安全说明、出厂清单、基本操作说明书和装箱单等文档。具体的任务操作步骤如下：

① 打开工业机器人保护塑料膜，检查机器人本体与控制柜外观；
② 根据出厂清单核对部件数量。

10.1.4　根据生产工艺和要求正确选用测量工具

在进行工业机器人拆装时，需要用到机械拆装工具（六角扳手、螺丝刀、扭矩扳手）、机械测量工具（卡尺、钢板尺、千分尺、水平尺）和电气测量工具（试电笔、万用表）。按照以下步骤准备测量工具：

① 将测量工具分为机械测量工具和电气测量工具；
② 根据分类不同，将测量工具归类并放置于相应的地方。

10.2　任务二：识读技术文件

【任务要求】

对拆箱后得到的工业机器人系统和工作站的机械布局图进行识读。

【工具准备】

工业机器人系统和工作站机械布局图

【任务实施】

工业机器人工作站主要是由工业机器人、电气控制系统、气压控制系统、人机界面和专用系统等辅助设备及其他周边设备组成。

10.2.1　机械布局图识读

识读工作站机械布局图的步骤如下：

① 了解工业机器人工作站的组成；
② 分析工作站布局结构；
③ 识别工作站各个工艺单元和主要部件的安装位置；
④ 了解工作站各个工艺单元的功能；
⑤ 分析工作站工作流程。

图 10-1 所示的是一个工业机器人工作站的机械装配图。

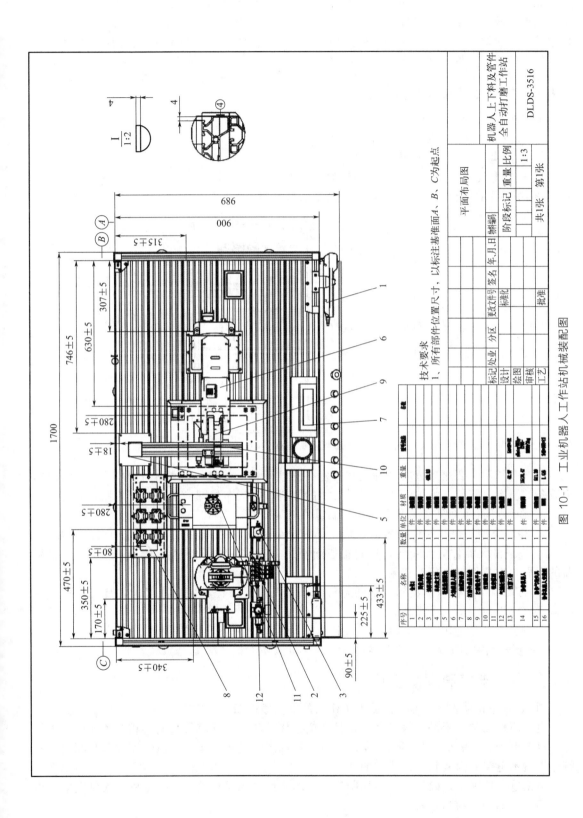

图 10-1 工业机器人工作站机械装配图

　　此装配图是生产中重要的技术文件，它主要表达机器或部件的结构、形状、装配关系、工作原理和技术要求。在设计机器或部件过程中，一般先根据设计思想画出装配示意图，再根据装配示意图画出装配图，最后根据装配图画出零件图。装配图是安装、调试、操作、检修工作站的重要依据。

10.2.2　电气布局图识读

　　电气布局图的识图步骤如下：
　　① 认识工作站电气系统中的电气元件；
　　② 掌握电气元件的实际安装位置；
　　③ 根据电气布局图，分析电气元件的安装方法。
　　图 10-2 所示的是一个工业机器人工作站的电气布局图。

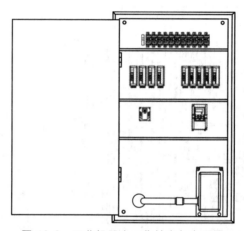

图 10-2　工业机器人工作站电气布局图

　　电气布局图主要用来表明各种电气设备在机械设备上和电气控制柜中的实际安装位置，为设备的制造、安装、维护、维修提供必要的资料。电气布局图应遵循以下原则：
　　① 必须遵循相关国家标准设计和绘制电气布局图；
　　② 相同类型的电气元件布置时，应把体积较大和较重的安装在控制柜或面板的下方；
　　③ 发热的元器件应该安装在控制柜或面板的上方或后方，但热继电器一般安装在接触器的下面，以方便与电机和接触器连接；
　　④ 需要经常维护、整定和检修的电气元件、操作开关、监视仪器仪表，其安装位置应高低适宜，以便工作人员操作；
　　⑤ 强电、弱电应该分开走线，注意屏蔽层的连接，防止干扰的窜入；
　　⑥ 电气元件的布置应考虑安装间隙，并尽可能做到整齐、美观。

10.2.3　电气原理图识读

　　图 10-3 所示的是一个工业机器人工作站的电气原理图。
　　电气原理图包括图形符号、文字符号、项目代号和回路标号等。它们相互关联、互为补充，以图形和文字的形式从不同的角度为电气原理图提供各种信息。电气原理图是利用这些符号来表示电路的构成和工作原理的。
　　根据电气原理图，确定本体与控制柜之间的连接电缆安装接口，确定机器人供电电源连接，确定外部 I/O 接线连接。

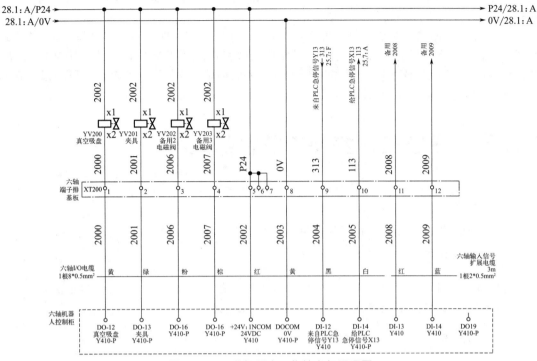

图 10-3 工业机器人工作站电气原理图

10.2.4 气动原理图识读

图 10-4 所示的是一个工业机器人工作站的气动原理图。

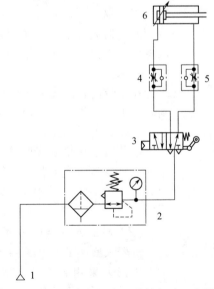

图 10-4 工业机器人工作站气动原理图

1—气源；2—气动三联件；3—手动换向阀；4,5—调速阀；6—双作用气缸

气动原理图包括图形符号、文字符号、项目代号和回路标号等。它们相互关联、互为补

159

充，以图形和文字的形式从不同的角度为气动原理图提供各种信息。气动原理图是利用这些符号来表示气动系统的构成和工作原理的。

图 10-4 所示的气动系统工作原理为：手动式二位五通换向阀 3 在左位时压力气体接通双作用气缸 6 的无杆腔，双作用气缸活塞杆在压力气体作用下伸出；当按下手动换向阀 3（右位）后，手动换向阀换向，压力气体经过手动换向阀 3 驱动气缸 6 缩回；可通过调速阀 4、5 调节气缸活塞杆伸出、缩回的速度。

10.3　任务三：安装工业机器人

【任务要求】

根据工业机器人工作站机械布局图进行工业机器人本体的安装。

【工具准备】

常用电工工具一套、内六角扳手及活动扳手各一套、吊装工具（4 根 100kg 软吊带、吊环、防护软垫、吊装用螺栓等）。

【任务实施】

10.3.1　工业机器人本体安装

（1）工业机器人本体的吊装、搬运

原则上使用起重机等机械进行吊装，吊装时，吊带安装方法如图 10-5 所示。将六轴工业机器人的三轴向下调到限位，用吊带吊住机器人三轴电机保护罩，吊装时，为保持机器人外观不磨损，应在机器人与吊带贴合处用纸壳等材料保护。若机器人重量轻，在没有起重机等设备的情况下可以考虑人工搬运。人工搬运时应轻拿轻放，防止机器人发生故障。

在吊装时，应先将吊装用 M6mm×10mm 螺栓安装到转座上，并用 M8mm×16mm 吊环安装在工装上，即可用吊带（总许用质量大于机器人本体质量）进行吊装。吊装时各轴角度应调整到规定数值（J2 轴为 +32°，J3 轴为 -27°，J4 轴为 -63°），以保证重心在中间，方便起吊。吊装时，应扶正机器人，以避免机器人倾斜歪倒。

（2）机器人底座的固定安装

机器人底座的尺寸关系图如图 10-6 所示。

机器人采用 4 个 M10mm×30mm 的螺钉和 2 个 φ6mm 的销子将底座固定在安装台架上。

（3）安装地基固定装置

带定中装置的地基固定装置，可通过底板和锚栓（化学锚栓）将机器人固定在合适的混凝土地基上。地

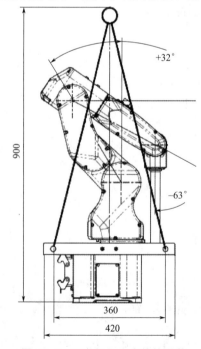

图 10-5　工业机器人本体的吊装

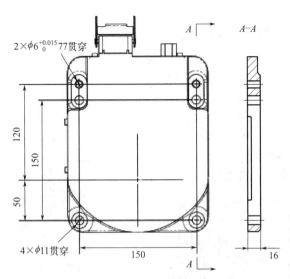

图 10-6　工业机器人底座尺寸关系图

基固定装置由带固定件的销和剑形销、六角螺栓及碟形垫圈、底板、锚栓、注入式化学锚固剂和动态套件等组成。

　　如果混凝土地基的表面不够光滑和平整，则用合适的补整砂求平整。如果使用锚栓（化学锚栓），则只应使用同一个生产商生产的化学锚固剂管和地脚螺栓（螺杆）。钻取锚栓孔时，不得使用金刚石钻头或者底孔钻头，最好使用锚栓生产商生产的钻头，另外还要注意遵守有关使用化学锚栓的生产商说明。

（4）机器人本地安装

工业机器人本体的安装步骤如下：

① 准备安装工具、安装布局图及安装所需标准件；

② 根据安装布局图确认安装位置，并做好位置标记；

③ 根据安装位置标记安装固定机器人基座；

④ 根据吊装手册，将机器人调整到吊装状态；

⑤ 移动起重机，紧固吊装板，使用吊绳吊装机器人本体；

⑥ 将机器人本体吊装在基座上，选择固定标准件，安装固定机器人本体；

⑦ 根据安装孔距调整机器人本体位置，紧固螺栓；

⑧ 用扭矩扳手检查螺栓安装力矩，并使用记号笔做放松标记；

⑨ 安装机器人基座定位销，完成本体安装。

10.3.2　末端执行器的安装

（1）安装注意事项

末端执行器常见形式有夹钳式、夹板式和抓取式。每种末端执行器都有与其相配套的作业装置，使末端执行器能够实现相应的作业功能。具体的注意事项有：

① 在安装末端执行器前，务必看清图纸或与设计人员沟通确认在该工位的机器人所配备的末端执行器的型号。设计人员有义务对安装人员进行说明，并进行安装指导。

② 确定末端执行器相对于机器人法兰的安装方向。为了确保机器人能正常运行程序，且节约调试工期，末端执行器的正确安装非常有必要。

（2）安装方法

① 确定机器人法兰手腕安装尺寸，如图 10-7 所示。

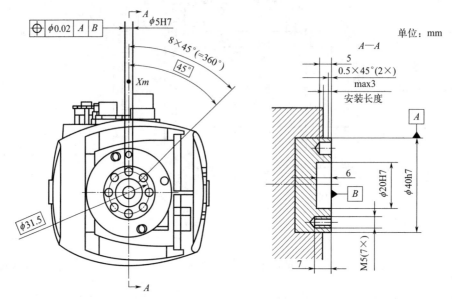

图 10-7　工业机器人法兰安装尺寸

② 准备安装末端执行器使用的工具、量具以及标准件。

③ 调整机器人末端法兰方向，用扭矩扳手把机器人侧的工具快换装置安装到法兰盘上并进行固定，如图 10-8 所示。

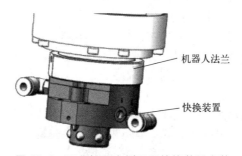

图 10-8　工业机器人侧工具快换装置安装

④ 确定方向，把末端执行器与工具侧快换装置进行连接。

⑤ 末端执行器如果使用气动部件，则连接气路；如果使用电气控制，则在机器人本体上走线。

气动末端执行器的安装步骤如下：

a. 准备安装工具、安装工艺卡及所需标准件；

b. 根据安装工艺卡确认机械部件安装位置，并做好标记；

c. 根据安装手册，将末端执行器移动至机器人末端处，根据工艺卡调整执行器安装角度；

d. 选择需要的固定螺栓，将末端执行器固定在机器人末端；

e. 根据气动原理图，连接末端执行器的气路，并查看连接是否正确；

f. 使用扭矩扳手，检查螺栓安装力矩，使用记号笔做防松标记，确认无误后安装末端执行器定位销；

　　g. 接通气源，查看末端执行器是否正常动作。

10.4　任务四：安装工业机器人系统

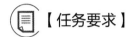【任务要求】

　　在完成工业机器人本体的安装后，根据工作站机械布局图进行工业机器人控制柜的安装。

【工具准备】

　　常用电工工具一套、内六角扳手和活动扳手各一套、吊装工具（4 根 100kg 软吊带、吊环、防护软垫、吊装用螺栓等）。

【任务实施】

10.4.1　安装工业机器人控制柜

（1）工业机器人控制柜认知

　　控制柜是工业机器人必不可少的一部分，控制柜内部包含着控制柜系统、伺服电机驱动器、低压器件等精密电器，是决定机器人功能和性能的主要因素，对工业机器的安全、稳定运行起到了至关重要的作用。其基本功能有记忆、位置伺服、坐标设定。

（2）安装环境

　　① 操作期间其环境温度应在 0～45℃（32～113℉）之间；搬运及维修期间应为 −10～60℃（14～140℉）。

　　② 湿度必须低于露点（相对湿度 10% 以下）。

　　③ 粉尘、油烟、水较少的场所。

　　④ 作业区内不允许有易燃品及腐蚀性液体和气体。

　　⑤ 对控制柜的振动或冲击能量小的场所（振动在 0.5g 以下）。

　　⑥ 附近应无大的电器噪声源（如气体保护焊设备等）。

（3）机器人控制柜固定方式及要求

　　① 必须直立地储放、搬运和安装置放控制柜。多个控制柜放置时注意间隔一定距离，以免通风口散热不畅。

　　② 开柜门的一侧为柜门活动预留一定空间，柜门可以打开 180°，以方便内部元器件的维修更换。在其后方也要预留一定空间，方便打开背面板维修更换元器件。

　　③ 当机器人工作环境振动较大或控制柜离地放置时，还需要将控制柜固定于地面或工作台上。

（4）机器人本体与控制柜的连接形式

　　机器人与控制柜之间的电缆用于机器人电动机的电源和控制装置，以及编码器接口板的反馈。电缆连接插口因机器人型号不同而略有差别，但是大致原理是相同的。

　　电缆两端均采用重载连接器进行连接，但两端的重载连接器出线方式、线标方式均不同，连接的接插件也不同。出线方式分侧出式和中出式。

（5）搬运、安装控制柜

确认控制柜的重量，使用承载量大于控制柜重量的拉车进行搬运。

机器人控制柜的安装步骤如下：

① 准备安装工具、安装布局图、电气原理图及安装所需标准件；

② 根据安装布局图、电气原理图确认机械部件安装位置及电缆连接位置，并做好标记；

③ 根据吊装工艺，使用绳索吊装机器人控制柜，将机器人控制柜吊装到安全位置处；

④ 根据布局工艺及现场要求，选用固定标准件，安装固定控制柜；

⑤ 根据电气原理图，连接控制柜电源线、机器人控制柜与本体连接线；

⑥ 用扭矩扳手检查螺栓安装力矩，并使用记号笔做防松标记；

⑦ 使用万用表，根据电气原理图，检测连接正确性；

⑧ 接通电源检验控制柜电源是否正常。

10.4.2　安装工业机器人示教器

（1）示教器

工业机器人示教器是一个人机交互设备。通过它操作者可以操作工业机器人运动、完成示教编程、实现对系统的设定、进行故障诊断等。工业机器人示教器的外观如图 10-9 所示。

（2）示教器与控制柜的连接

控制柜与示教器通过专用电缆进行连接，如图 10-10 所示。电缆的一端接在示教器侧面的接口处，可以热插拔。电缆的另一端接在控制柜面板上的示教器接口上。

图 10-9　埃夫特工业机器人示教器

图 10-10　示教器专用电缆

安装时，先找到控制柜上相应的接口，如图 10-11 所示，然后完成机器人示教器与控制柜示教器接口的连接。

示教器的安装步骤如下：

① 准备安装工具、安装工艺卡、电气原理图及所需标准件；

② 根据安装工艺卡、电气原理图确认机械部件安装位置及电缆连接位置，并做好标记；

③ 根据安装工艺卡及标识，固定示教器托架；

④ 根据电气原理图，安装示教器接口；

⑤ 利用万用表查看电缆连接是否正确；

⑥ 系统上电，查看示教器是否可以正常显示。

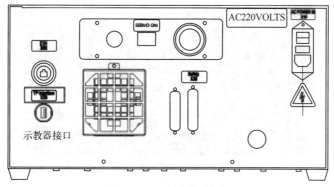

图 10-11 控制柜接口

10.4.3 安装工业机器人控制系统硬件

工业机器人控制系统硬件有控制器模块（CPAC）、通信接口及 I/O 模块等，如图 10-12 所示。

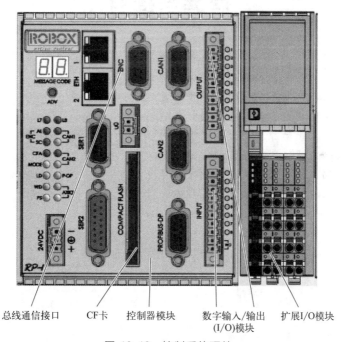

总线通信接口　　CF卡　　控制器模块　　数字输入/输出　　扩展I/O模块
　　　　　　　　　　　　　　　　　　　　（I/O）模块

图 10-12 控制系统硬件

其中，控制系统是整个机器人的"大脑"；数字输入/输出（I/O）模块共有 8 个输入口、8 个输出口；扩展 I/O 模块共有 8 个输入口、8 个输出口；总线通信接口是连接、控制伺服驱动器的；CF 卡用于存储数据。

控制柜与其他设备连接时需要通过航插来进行连接。图 10-13 标示出了控制柜航插的位置。

工业机器人控制系统硬件的安装步骤如下：

① 完成控制柜电源连接；

② 完成盘间电缆与控制柜的连接；

图 10-13　控制柜航插

③ 完成盘间电缆与工业机器人本体的连接；

④ 接通机器人控制柜电源开关；

⑤ 观察设备状态指示灯、机器人指示灯与示教器的状态，来判断设备是否上电正常工作。

思考与练习

10-1　工业机器人拆包前都有哪些准备事项？

10-2　清点工业机器人装箱物品的步骤是什么？

10-3　工业机器人电气布局图的识图步骤是什么？

10-4　电气布局图应当遵循哪些原则？

10-5　工业机器人气动原理图都包括哪些内容？

10-6　简述六轴工业机器人安装的步骤。

10-7　简述六轴机器人末端执行器的安装步骤。

10-8　简述工业机器人示教器的安装步骤。

第 11 章

项目三：工业机器人校准与调试

项目引入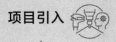

> 本项目包括工业机器人零点校对和工业机器人调试两个任务。通过两个任务的学习和训练，让学生能够基本具备工业机器人系统校准与调试的能力。

技能目标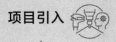

> ① 能够根据要求完成工业机器人零点校对。
> ② 能按要求完成工业机器人的调试。
> ③ 能根据实际情况完成工具坐标系和用户坐标系的标定。

11.1 任务一：工业机器人零点校对

 【任务要求】

在掌握工业机器人零点校对的基本方法等理论知识的前提下，能够结合具体需求，对工业机器人进行零点校对，将其恢复至正常状态。本任务具体包括以下内容：

① 对齐同步标记；
② 重置零点。

 【工具准备】

实训指导书。

 【任务实施】

当机器人由于编码器电池停止供电或拆卸电机等非正常操作引起机器人零点丢失后，示

167

教器可能会出现"1069[#]上电位置偏差过大"的错误报警，如图 11-1 所示。此时可以通过零点校对功能实现零点恢复。除本书第 4 章中的手动操作方法外，还可以直接应用示教器中的"零点恢复"模块进行零点重置。具体步骤如表 11-1 所示。

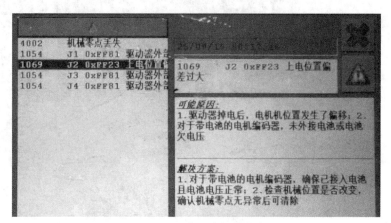

图 11-1　零点丢失报警信息

表 11-1　零点重置步骤

图示	说明
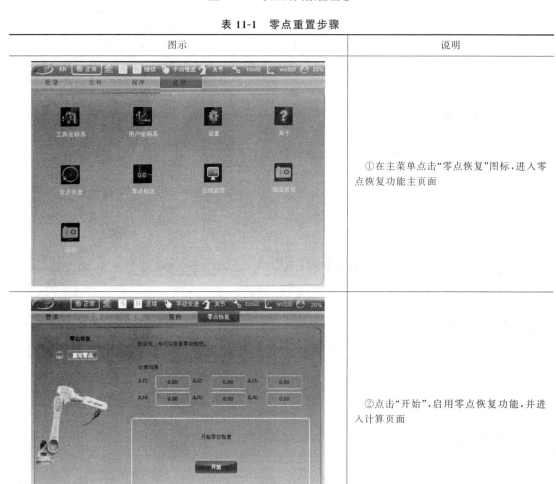	①在主菜单点击"零点恢复"图标，进入零点恢复功能主页面
	②点击"开始"，启用零点恢复功能，并进入计算页面

续表

图示	说明
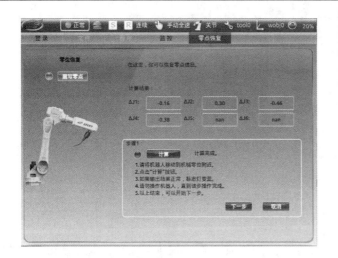	③点击"计算"，开始计算结果，计算成功会有状态反馈，LED 被点亮，同时显示计算结果。计算结果是指：机器人当前位置与控制器记录的原始零点位置的差值 ④点击"下一步"，进入恢复页面
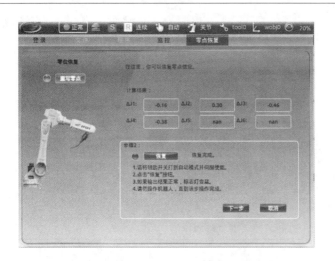	⑤点击"恢复"按钮，机器人将按照计算结果自动运动，运动完成将会反馈状态，LED 灯被点亮 ⑥点击"下一步"，进入重置页面
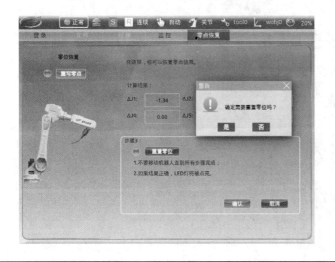	⑦点击"重置"按钮，机器人将自动重置所有零点位置，重置成功将会有状态反馈，LED 灯被点亮 ⑧点击"确认"，反馈零点重置页面 ⑨点击"是"，重置完成

11.2　任务二：工业机器人调试

 【任务要求】

根据某机器人工作站的安全操作指导书，了解机器人系统的基本功能及操作，依照实训指导书的内容，完成调试实训。

 【工具准备】

安全操作指导书、实训指导书、安全帽、工作服、劳保鞋。

 【任务实施】

工业机器人调试的主要步骤如下：

① 根据指导书使用数字万用表完成上电前的检查工作，检查各线路连接是否正常，同时查看电缆是否有破损、断开等现象；

② 闭合工业机器人主开关，系统完成上电，接通气源并检查气动回路是否存在泄漏等现象；

③ 按下示教器的伺服使能开关，手动运行工业机器人，控制工业机器人各轴运动，查看工业机器人的运行是否顺畅、在运行过程中是否有异响；

④ 按下示教器的伺服使能开关，手动运行工业机器人，控制工业机器人各轴运动至接近极限位置，确认极限位置的软限位是否正确；

⑤ 按下示教器的伺服使能开关，手动运行工业机器人，控制工业机器人回到各轴的零点位置；

⑥ 完成调试。

相关步骤具体操作可参考表 11-2。

表 11-2　工业机器人调试步骤

	图示	操作说明
使能开关		系统上电后，示教器进入初始界面，左手托起示教器，手指轻按使能开关，伺服得电后会发出"哒"的声响
轴动按键		在完成上述使能开关操作基础上，右手依次按下轴动按键，观察机器人动作。初始操作不熟练时，不宜控制机器人长距离连续运动，避免发生碰撞

图示	操作说明
加减/速按键	 找到示教器显示区的运行速度栏，右手分别按下加速按键和减速按键，观察运行速率百分比变化
急停旋钮	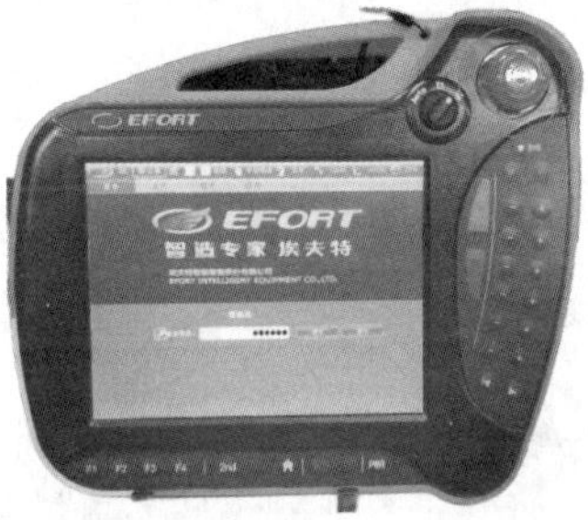 导入一段正确的运行程序，将工业机器人的运行模式切换至自动模式，并启动运行。运行中按下急停按钮，工业机器人停止。急停按钮复位后，工业机器人上电按钮闪烁。将工业机器人的运行模式切换至手动模式后，在示教器上查看急停信息。按下上电按钮，工业机器人复位并上电完成操作
世界坐标系	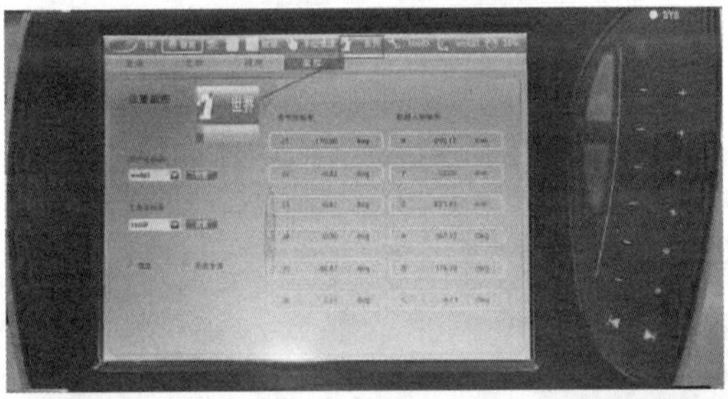 在世界坐标系状态下，左手托起示教器并轻按使能开关，伺服得电后，右手操作轴动按键，观察机器人末端执行器和各轴的运行规律，可以发现机器人处于多轴联动模式
关节坐标系	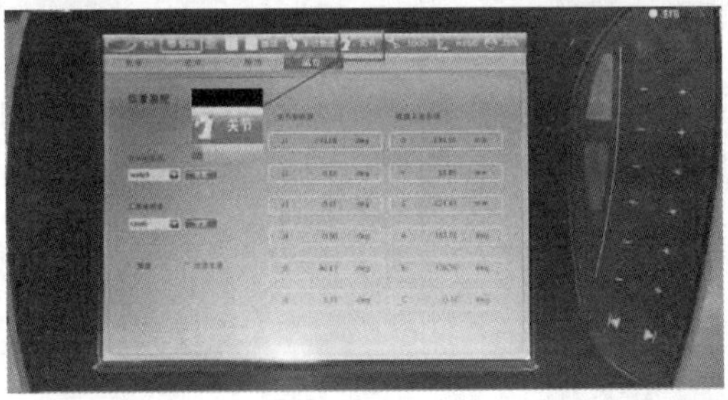 在关节坐标系状态下，左手托起示教器并轻按使能开关，伺服得电后，右手操作轴动按键，观察机器人末端执行器和各轴的运行规律，可以发现机器人处于单轴运行模式

11.3　任务三：工业机器人坐标系标定与验证

11.3.1　工具坐标系标定与验证

（1）工业机器人工具坐标系标定

工业机器人工具坐标系标定的基本操作方法如表 11-3 所示。

表 11-3　工业机器人工具坐标系标定步骤

图示	说明
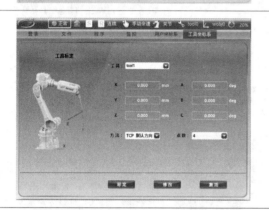	①选定一个固定尖端作为标定参考点,在示教器主页界面,选择"工具坐标系"
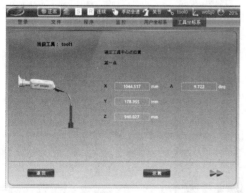	②进入工具坐标系"工具标定"界面后,选择一个名称,以"tool1"为例,然后点击"标定"
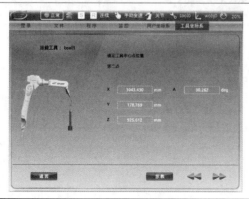	③将 TCP 从竖直方向对准选定的参考点并尽量接近,达到预期位置后,点击"示教",第一点示教完成,进入第二点的示教 注意:当 TCP 接近参考点时,需要降低运行速率
	④将工具调整为倾斜状态后,让 TCP 重新对准选定的参考点。第二点位置确定好后,在示教器上点击"示教",第二点示教完成,进入第三点的示教

图示	说明
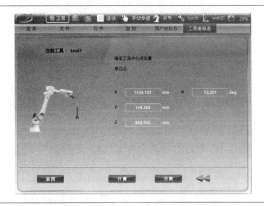	⑤再次调整倾斜状态，让 TCP 重新对准选定的参考点。第三点的位置确定好后，在示教器上点击"示教"，第三点示教完成，进入第四点的示教
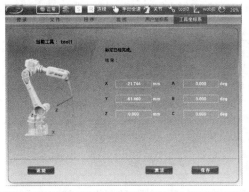	⑥调整为第三种倾斜状态后，让 TCP 重新对准选定的参考点。第四点的位置就确定好了，示教器上点击"示教"，第四点示教完成。点击"计算"，系统自动计算工具坐标系
	⑦点击"保存"，点击"返回"，完成工具坐标系标定

（2）工具坐标系验证

在示教器上选择"监控"菜单下的"位置"选项，在工具坐标系处选择刚标定的坐标系"tool1"，将机器人工作坐标系切换为"工具"，通过分别手动操作轴 4、轴 5、轴 6，来观察机器人的运动情况。可以看出，运动过程中，TCP 作为旋转的中心点，保持固定不动。

11.3.2 用户坐标系标定与验证

（1）工业机器人用户坐标系标定

工业机器人用户坐标系的基本操作方法如表 11-4 所示。

表 11-4　工业机器人用户坐标系标定步骤

图示	说明
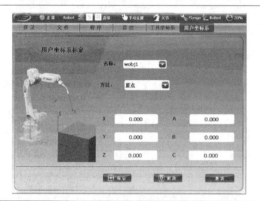	①选定一个倾斜的平面作为标定参考面，在示教器主页界面，选择"用户坐标系"，进入用户坐标系标定界面
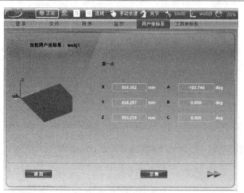	②在名称处选择要标定的坐标系名称，以"wobj1"为例，点击"标定"，进入第一点的示教状态
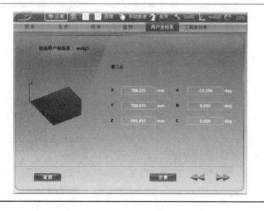	③手动操作工业机器人，使末端执行器的尖端对准托盘的一个角点，点击"示教"，完成第一点示教，进入第二点的示教
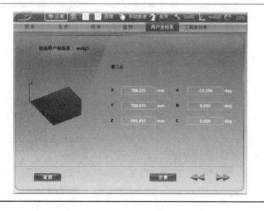	④手动操作工业机器人，使末端执行器的尖端对准托盘的第二个角点，点击"示教"，完成第二点示教，进入第三点的示教

图示	说明
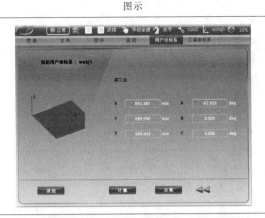	⑤手动操作工业机器人，使末端执行器的尖端对准托盘的第三个角点，点击"示教"，完成第三点示教，点击"计算"，系统自动完成用户坐标系计算
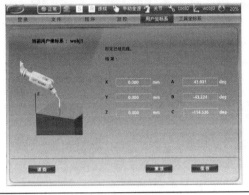	⑥计算完成后，进入标定完成界面，点击"保存"，点击"返回"，完成用户坐标系标定

（2）用户坐标系的验证

在示教器上选择"监控"菜单下的"位置"选项，在用户坐标系处选择刚标定的坐标系"wobj1"，将机器人工作坐标系切换为"用户"，通过分别手动操作轴 1、轴 2、轴 3，来观察机器人的运动情况。可以看出，运动过程中，TCP 的运行轨迹以参考平面为参照。

思考与练习

11-1　试写出工业机器人零点校对的主要步骤，并独立完成工业机器人的零点校对。

11-2　试写出工业机器人工具坐标系标定的主要步骤，并独立完成相应操作。

11-3　试写出工业机器人用户坐标系标定的主要步骤，并独立完成相应操作。

第 12 章

项目四：工业机器人系统操作与编程

项目引入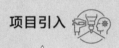

本项目详细讲解了工业机器人系统中，工业机器人、PLC、触摸屏的操作和编程方法，并以实际生产环节中的搬运环节为例，设定了相应的实训任务，使学生通过实际操作与编程来掌握工业机器人系统的应用。

技能目标

① 能够使用工业机器人搬运工件。
② 能够在 PLC 与工业机器人之间传输数据。
③ 会使用触摸屏来控制工业机器人。
④ 能够编写程序实现工业机器人系统的自动运行。

12.1 任务一：工业机器人编程

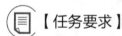 **【任务要求】**

工业机器人在搬运工作中应用广泛，解决了人们在搬运过程中的劳累和机械性重复，想要让工业机器人按照要求自动执行相应的动作，就必须进行工业机器人程序的编写。埃夫特工业机器人提供了多种编程指令可以完成工业机器人的搬运、码垛等各种应用。通过本任务的学习，学会工业机器人的基本指令与通信指令的使用，从而实现工业机器人的搬运功能与数据传输功能。

 **【工具准备】**

埃夫特机器人本体、示教器。

【任务实施】

在进行编程之前，需要在示教器上登录并新建 RPL 程序文件来配置编程环境。

（1）登录

埃夫特工业机器人使用的是 RPL 编程。进行 RPL 编程需要管理员权限，因此在示教器上需要登录后才能进行相关操作。

打开示教器，点击快捷方式栏"登录"，如图 12-1 所示，进入登录界面。然后点击密码输入框，输入管理员的登录密码"999999"（初始密码），如图 12-2 所示。然后点击"登录"按钮进行登录，登录后快捷方式栏的"文件"和"程序"会被激活，如图 12-3 所示。

图 12-1 点击"登录"按钮

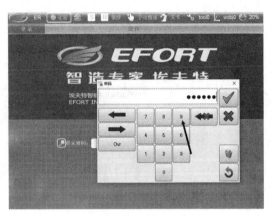

图 12-2 输入管理员密码

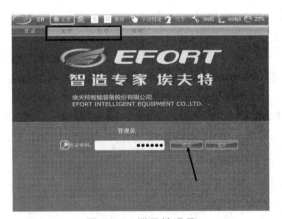

图 12-3 登录管理员

（2）新建 RPL 程序文件

在快捷方式栏点击"文件"快捷按钮，系统会进入文件管理页面。在该界面点击左下角的"新建"快捷按钮，会弹出新建列表，选择"文件"选项，如图 12-4 所示，之后会进入文件命名对话框，如图 12-5 所示。

输入程序的文件名后，点击图 12-5 中绿色的"☑"按钮完成文件名的输入，系统将自动创建文件，并自动跳转到 RPL 程序编辑界面，即"程序"界面，如图 12-6 所示。在该界面中，可以进行程序的编写。

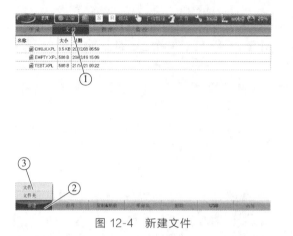

图 12-4 新建文件

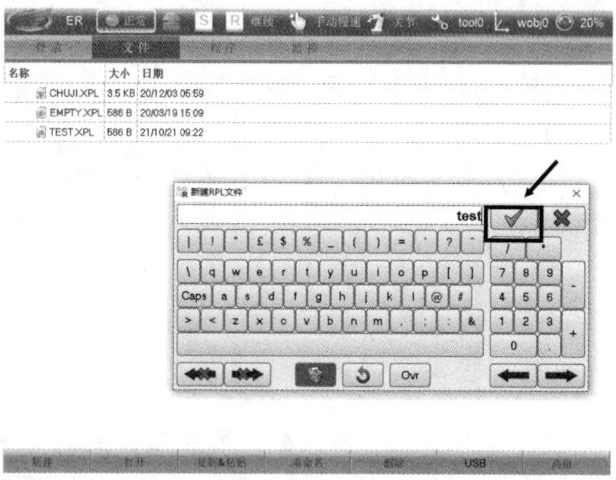

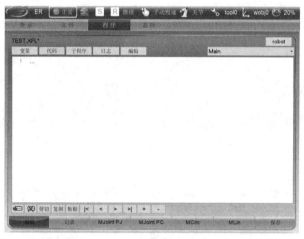

图 12-5 文件命名对话框

图 12-6 编程界面

12.1.1 工业机器人简单任务编程

在确定工业机器人的动作流程及运动轨迹后，方可进行工业机器人程序的编写。实现工业机器人对一个指尖陀螺轴承搬运的编程步骤如下。

（1）工业机器人夹爪回到工作原点

在编程界面的第一行，点击新建按钮" ▣ "新建一行，然后插入一条 MJoint PJ 运动指令，选中刚刚插入的指令后点击"编辑"按钮，如图 12-7 所示，进入指令编辑界面，如图 12-8 所示。

在指令编辑界面中，选中绿色的字符 POINTJ()括号中数值，然后选择下方的"值"按钮，将括号中的坐标改为(0,0,0,0,−90,0)，点击"确认"，如图 12-9 所示，然后返回编程界面。

设定好坐标后，工业机器人开始运行后就将先运动到工作原点位置，确保安全。

（2）工业机器人夹爪移动到抓取点

夹爪移动到工作原点后，下一步需要将工业机器人的夹爪移动到抓取点来进行轴承的抓取。先手动示教，将夹爪移动到抓取上方点，然后在编程界面插入一条 MJoint PJ 运动指令，再继续手动示教，将夹爪移动到抓取点后插入一条 MJoint PJ 运动指令，如图 12-10 所示。其中第二行指令括号中的"*"存储的是抓取上方点的坐标，第三行指令括号中的"*"存储的是抓取点的坐标。

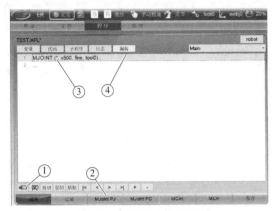

图 12-7　添加指令界面

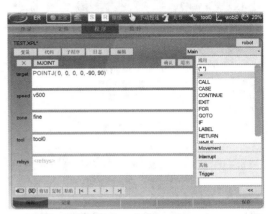

图 12-8　指令编辑界面

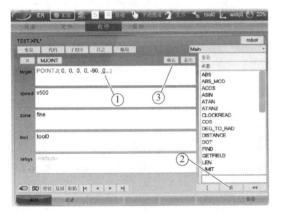

图 12-9　更改坐标值

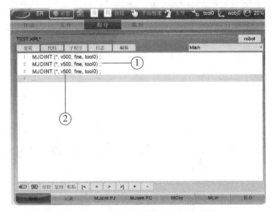

图 12-10　移动到抓取点的程序

在图 12-10 所示程序中，第一、二、三行的移动点位信息全部由"*"来表示，这样不利于程序的读取和后续的修改，为了解决这个问题，我们可以用一个变量来存储点位信息。单击"变量"按钮，在弹出的界面中选择"程序变量"，然后点击新建按钮"▭▬"新建一个变量，如图 12-11 所示。在"变量"界面，设定一个原点变量，名称为"HOME"，类型为关节坐标类型"POINTJ"，初始化（坐标）为"0,0,0,0,-90,0"，然后点击"确认"，原点变量就建好了，如图 12-12 所示。初始化值除了可以输入外，还可以通过电机"记录"按钮，记录下当前的坐标值。

如果想要使用这个变量，单击"代码"，选中第一行程序，点击"编辑"，在指令编辑界面单击绿色的"POINTJ"，然后选中右侧的"变量"，在列表中找到新建的"HOME"变量，单击"<<"，HOME 变量就会插入"target"方框中，如图 12-13 所示。插入好后，点击"确认"，返回程序编辑界面，如图 12-14 所示。这样一来，程序的可读性大大增加，便于后续对点位的修改。以同样的方式添加抓取点上方变量"qushang"和抓取点变量"qu"。为了便于示教和移动，只对"HOME"变量设定为"POINTJ"类型（用 MJoint PJ 指令移动），而对其余变量均设定为"POINTC"类型（用 MLin 指令移动）。设定好变量并

修改程序后，如图 12-15 所示。

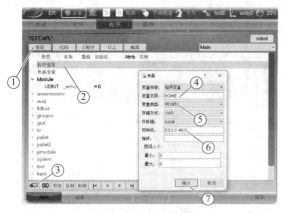

图 12-11　新建变量

图 12-12　建立好的变量

图 12-13　插入 HOME 变量

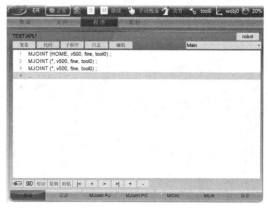

图 12-14　插入 HOME 变量后的程序

（3）工业机器人夹爪抓取指尖陀螺轴承

移动到抓取点后，需要对轴承进行抓取，这里需要使控制两指夹爪的电磁阀 YV201 得电，即 DO.13 的输出为 "1"。在图 12-15 所示的程序基础上，选中第四行程序，然后点击 "编辑"，如图 12-16 所示，之后会进入指令编辑界面，如图 12-17 所示。

图 12-15　修改后的程序

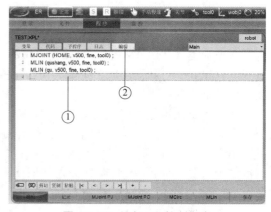

图 12-16　添加 I/O 控制指令

在图 12-17 所示的界面中，选择"：＝"赋值指令，然后点击"＜＜"按钮，此时界面左边会出现"dest"和"expr"两个方框，如图 12-18 所示。

图 12-17　指令编辑界面

图 12-18　赋值语句的添加

单击红色高亮的字体＜dest＞进行被赋值变量的选择，在右侧弹出的候选变量列表中选择添加"io. output"变量，结果如图 12-19 所示。由于"io. output"变量为数组变量，因此其后缀为"［???］"

选择完"io. output"变量后，单击后缀"［???］"，选择"值"按钮，并在弹出的界面中输入 13，然后点击绿色的"✓"按钮完成输入，如图 12-20 所示。

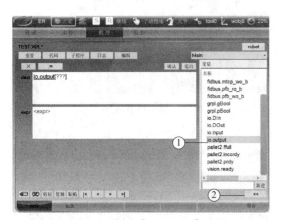

图 12-19　选择"io. output"变量

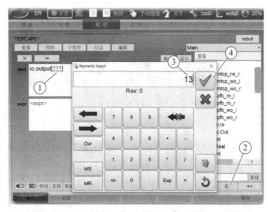

图 12-20　输入"io. output"数组后缀值

单击红色高亮的字体＜expr＞，选择"值"按钮，进行赋值表达式编辑，在弹出的界面中输入"1"，然后点击绿色的"✓"按钮完成输入，最后点击"确认"按钮，返回程序编辑界面，如图 12-21 所示。编辑完的程序如图 12-22 所示。

为了确保抓取牢固，在第四行语句后，需要增加一个延时指令。在图 12-22 所示的程序基础上，选中第五行程序，然后点击"编辑"，如图 12-23 所示，之后会进入指令编辑界面，如图 12-24 所示。

在指令编辑界面，选择"其他"，在下方列表中选择"DWELL"指令，然后点击"＜＜"按钮，此时界面左边会出现"expr"方框，如图 12-25 所示。

单击红色高亮的字体＜expr＞进行等待时间的设定（单位为秒），在弹出的界面中输入 1，然后点击绿色的"✓"按钮完成输入。最后点击"确认"按钮，返回程序编辑界面，如图 12-26 所示，编辑完的程序如图 12-27 所示。

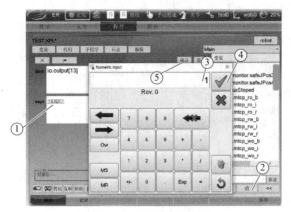

图 12-21 赋值表达式编辑

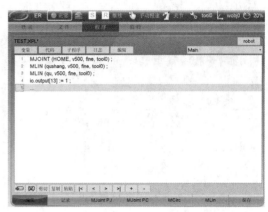

图 12-22 添加 I/O 控制指令后的程序

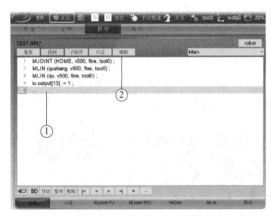

图 12-23 添加延时指令

图 12-24 指令编辑界面

图 12-25 延时指令的添加

图 12-26 延时时间设定

（4）工业机器人夹爪移动到放置上放点

抓取完轴承后，下一步需要将工业机器人的夹爪移动到放置点来放置轴承。在这一步骤中，工业机器人经过的路径为：抓取上放点（qushang）→过渡点（guodu）→放置上放点

（fangshang）→放置点（fang）。将变量添加完毕并示教后，编辑程序，如图 12-28 所示。

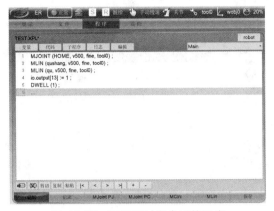

图 12-27 添加延时指令后的程序

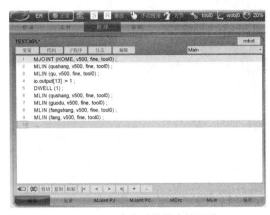

图 12-28 移动到放置点的程序

（5）工业机器人夹爪放置指尖陀螺轴承

夹爪移动到放置点后，需要将轴承放在放置点，这里需要使控制两指夹爪的电磁阀 YV201 失电，即 DO.13 的输出为"0"。在图 12-28 所示的程序基础上，选中第十行程序，然后点击"编辑"，如图 12-29 所示，之后会进入指令编辑界面，如图 12-30 所示。

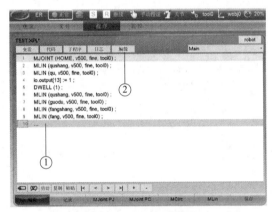

图 12-29 添加 I/O 控制指令

图 12-30 指令编辑界面

在图 12-30 所示的界面中，选择"：＝"赋值指令，然后点击"＜＜"按钮，此时界面左边会出现"dest"和"expr"两个方框，如图 12-31 所示。

单击红色高亮的字体＜dest＞进行被赋值变量的选择，在右侧弹出的候选变量列表中选择添加"io. output"变量，结果如图 12-32 所示。由于"io. output"变量为数组变量，因此其后缀为"［???］"

选择完"io. output"变量后，单击后缀"［???］"，选择"值"按钮，并在弹出的界面中输入"13"，然后点击绿色的"✓"

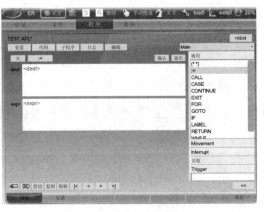

图 12-31 赋值语句的添加

183

按钮完成输入，如图 12-33 所示。

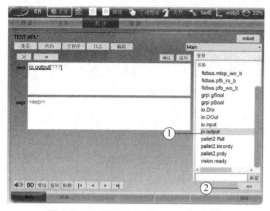

图 12-32 选择"io. output"变量

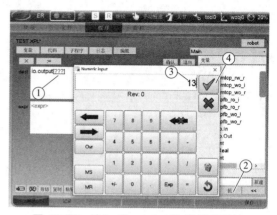

图 12-33 输入"io. output"数组后缀值

然后单击红色高亮的字体＜expr＞，选择"值"按钮，进行赋值表达式编辑，在弹出的界面中输入"0"，然后点击绿色的"✓"按钮完成输入，最后点击"确认"按钮，返回程序编辑界面，如图 12-34 所示。

和抓取程序一样，为了确保放置后工业机器人夹爪与实训平台其他部件不发生碰撞，在放置指令后同样添加一个延时指令，添加后的程序如图 12-35 所示。

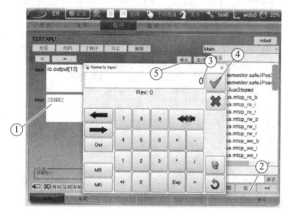

图 12-34 赋值表达式编辑

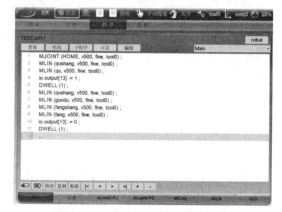

图 12-35 添加延时指令后的程序

（6）工业机器人夹爪重新移动到原点

放置完轴承后，下一步需要将工业机器人的夹爪移动到原点。在这一步骤中，工业机器人经过的路径为：放置放点（qushang）→过渡点（guodu）→原点（HOME）。将变量添加完毕并示教后，编辑程序，如图 12-36 所示。

12. 1. 2 工业机器人复杂任务编程

图 12-36 所示的程序可以实现工业机器人抓取一个指尖陀螺轴承并放置到指定位置，如果要抓取三个指尖陀螺轴承并放置到指定位置，就需要编写三段相似的程序，这样程序显得非常复杂。为了使程序易读、便于修改，在这里可以使用子程序。

（1）子程序

新建一个子程序的步骤如下：

① 点击"子程序"标签；

② 点击新建按钮"![button]"，在弹出的界面中输入子程序名称"banyun"，然后点击绿色的"![button]"按钮即可新建一个名为"banyun"的子程序，如图 12-37 所示。

图 12-36　最终程序

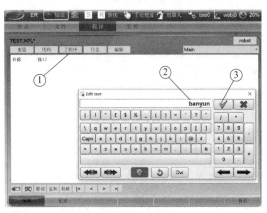

图 12-37　新建子程序

新建完子程序后，可以通过点击标签栏右侧程序名显示栏来切换子程序和主程序的代码、变量等，如图 12-38 所示。

由于在搬运指尖陀螺轴承时，需要知道抓取点和放置点的坐标才能完成整套流程，因此需要为"banyun"子程序添加两个输入变量，一个是抓取点的坐标"zq"，一个是放置点的坐标"fz"，后续只需要将主程序中每次抓取和放置时的坐标输入进来即可完成整套流程，非常方便。

设定子程序输入变量的方法如下：

① 在程序名显示栏中选中"banyun"子程序，然后单击"变量"按钮，打开子程序变量界面，如图 12-39 所示。

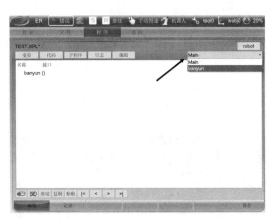

图 12-38　程序切换

图 12-39　子程序变量界面

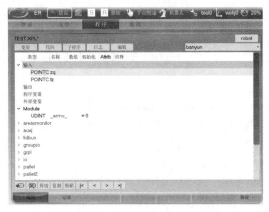

图 12-40　添加子程序输入变量

② 在子程序变量界面选中"输入"，然后添加两个输入变量"zq"和"fz"，如图 12-40 所示，添加完毕后点击"子程序"，可以看到在子程序名称后出现了这两个输入变量，如图 12-41 所示。

③ 在图 12-41 的基础上，点击"代码"，编写搬运一个轴承的程序，如图 12-42 所示。

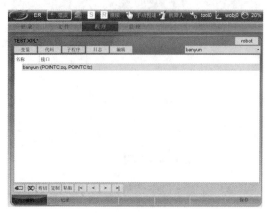

图 12-41　子程序输入变量

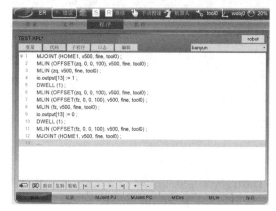

图 12-42　搬运子程序代码

（2）主程序

子程序代码编写完后，就可以在主程序中进行调用了。调用子程序采用的指令为 CALL 指令。在主程序中，首先示教三个轴承的取、放点，存放在"qu1""qu2""qu3"和 "fang1""fang2""fang3"变量中，然后在第一行编写工业机器人回原点指令，接着选中第二行，点击"编辑"按钮，进入指令编辑界面，如图 12-43 所示。

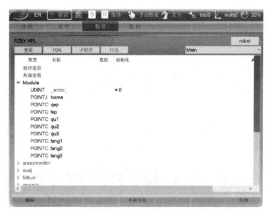

(a) 主程序变量

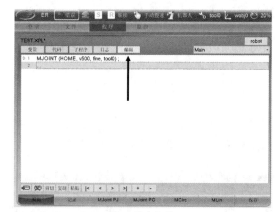

(b) 主程序代码

图 12-43　搬运主程序

在指令编辑界面，选择"CALL"子程序调用指令，然后点击"<<"按钮，此时界面左边会出现"subroutine"方框，如图 12-44 所示。

单击红色高亮的字体＜subroutine＞后，在界面右侧会出现函数列表，在其中选择"banyun"，然后单击"<<"，此时在界面左侧会出现"banyun（???,???）"，如图 12-45 所示。

然后点击左侧红色的问号，选择变量"qu1"和"fang1"，最后点击"确认"，就会返回程序编辑界面，如图 12-46 所示。

图 12-44 CALL 指令

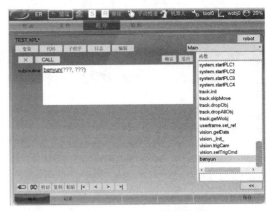

图 12-45 CALL 指令编辑

在图 12-46 的基础上，继续完成搬运第二个、第三个轴承的程序即可，完成后如图 12-47 所示。

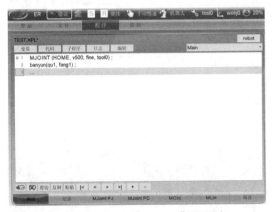

图 12-46 调用"banyun"子程序

图 12-47 最终程序

12.1.3 工业机器人通信程序编写

为了使可编程控制器（PLC）对工业机器人进行控制，要在可编程控制器（PLC）和工业机器人之间进行数据传输。涉及工业机器人的通信变量有 fidbus. mobtxint 和 fidbus. mobrxint，判断语句有 WAIT 语句。

（1）fidbus. mobtxint 变量

fidbus. mobtxint 变量是用来发送数据的，即工业机器人完成一套动作后，将待发送给 PLC 的数据存储至 fidbus. mobtxint 变量中，一旦工业机器人和 PLC 的通信建立，就会将该数据发送至 PLC 的相关寄存器。

（2）fidbus. mobrxint 变量

fidbus. mobrxint 变量是用来接收 PLC 发送给工业机器人的数据的，一旦工业机器人和 PLC 的通信建立，fidbus. mobrxint 变量就会存储由 PLC 相关寄存器发来的数据。

（3）WAIT 语句

WAIT 语句的格式为：WAIT（表达式）。其作用为：当表达式的值为"真"时，程序向下执行；当表达式的值为"假"时，程序在 WAIT 处等待。

下面编写一段通信程序，该段程序的功能是：接收 PLC 发送来的指令"1"后，机器人开始工作，待机器人工作结束后，返回给 PLC 一个"1"。

首先，在程序中示教三个点位，分别为原点（home）、抓取点（qu）和放置点（fang），然后编写好子程序"banyun"。在主程序中，第一行添加回原点语句，如图 12-48 所示。然后选中第二行，点击"编辑"，进入指令编辑画面，如图 12-49 所示。

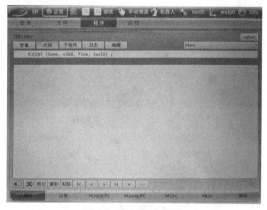

图 12-48　初始程序

图 12-49　指令编辑画面

在指令编辑画面中，选择"Other"下的"WAIT"指令，单击"<<"，在左侧就会出现一个"condition"的方框，如图 12-50 所示。

单击红色高亮的字体<condition>进行条件选择，在右侧弹出的变量列表中选择"fidbus. mobrxint"变量，单击"<<"将其添加到左侧方框中，如图 12-51 所示。

图 12-50　添加 WAIT 指令

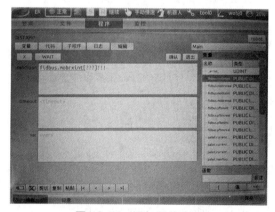

图 12-51　添加通信变量

单击红色的问号"???"，输入值"0"。单击红色的感叹号"!!!"，选择"="，选择完后在右侧又会出现一个红色的感叹号"!!!"，继续单击后，输入值"1"，点击"确认"即可完成通信接收数据变量的添加，如图 12-52 所示。

之后调用 banyun 子程序完成搬运的操作，调用后的程序如图 12-53 所示。

搬运完成后，工业机器人需要向 PLC 发送一个数据"1"，此时选中第四行，点击"编辑"，在弹出的指令编辑界面中选择"：="赋值指令，然后点击"<<"按钮，此时界面左边会出现"dest"和"expr"两个方框。然后点击红色高亮的字体<dest>进行被赋值变量的选择，在右侧弹出的候选变量列表中选择添加"fidbus. mobtxint"变量，结果如图 12-54

所示。由于"fidbus.mobtxint"变量为数组变量，因此其后缀为"［???］"。

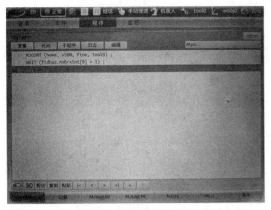

图 12-52　通信变量添加完成

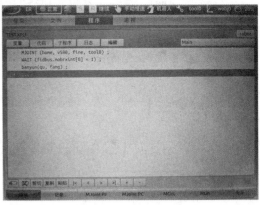

图 12-53　调用 banyun 子程序

单击红色的问号"???"，输入值"0"。单击红色高亮字体＜expr＞，输入值"1"，点击"确认"，即可在 fidbus.mobtxint［0］变量中存入数据"1"。最后在程序的结尾添加一条回原点语句，整段程序就完成了，如图 12-55 所示。

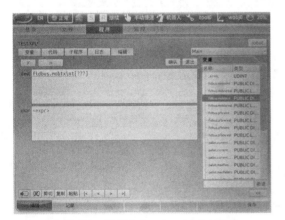

图 12-54　添加 fidbus.mobtxint 变量

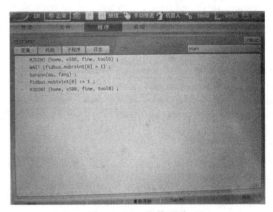

图 12-55　最终程序

在图 12-55 的程序中，工业机器人先是回到原点，然后等待 PLC 发送指令"1"；当 PLC 发送指令"1"到 fidbus.mobrxint［0］时，跳出 WAIT 语句，执行"banyun"子程序；执行完"banyun"子程序后，工业机器人向 PLC 发送一个数据"1"后，回到原点。

12.2 任务二：PLC 程序的编写

【任务要求】

对于机器人来说，控制系统显得尤为重要，它向各个执行元器件发出如运动轨迹、动作顺序、运动速度、动作时间等指令。在复杂的运动控制中一般选择 PLC 作为机器人运动控制器。本任务就是学习简单 PLC 程序的编写，具体包括以下内容：

① 信捷 PLC 编程软件的应用。

② 实验台启动、停止、复位按钮灯的启停控制。

③ 实验台启动、停止、复位按钮灯的闪烁控制。

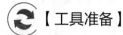【工具准备】

带有信捷 PLC 软件的计算机、信捷 PLC、带有至少三个按钮的工作台、网线、RS232 串口线。

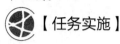【任务实施】

12.2.1 信捷 PLC 编程软件的使用

（1）新建工程

① 双击桌面上的信捷 PLC 编程工具软件图标，打开如图 12-56 所示的界面。

图 12-56 信捷 PLC 编程界面

② 单击"文件"，选择"新建工程"，选择好对应机型，单击"确定"按钮，完成工程的新建，如图 12-57 所示。

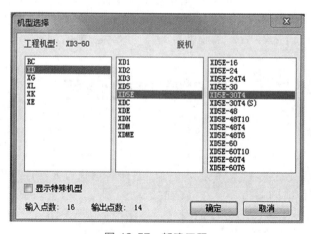

图 12-57 新建工程

（2）保存工程

单击"文件"选择"保存工程"，默认工程名称为 PLC，这里可以选择保存路径，为新工程命名，此处将这个程序保存为"练习"，然后单击"确定"就可以了，如图 12-58 所示。

图 12-58　保存工程

（3）退出软件

可以单击左上角的关闭或者单击"文件"选择退出。

（4）工程的打开

选择"文件"→"打开工程"或点击图标"📂"，然后在"打开 PLC 工程文件"对话框中选择 ∗.xdp 类型文件，如图 12-59 所示，点击"打开"，就完成了。

（5）基本指令的输入

基本指令的输入可以有两种方式。一种方式是指令提示，比如在需要输入程序的地方直接输入"LD"后，系统将自动弹出以"LD"开始的指令，根据具体的情况可以选择对应的

图 12-59　工程打开

指令。另一种方式是直接选择输入节点的方式。

下面举例说明指令的输入。

① 触点的输入：

a. 鼠标左键单击选中梯形图上的某个接点，虚线框显示的区域就表示当前选中的接点；

b. 先点击图标"$\dashv\vdash$ F5"（或按 F5 键），图形显示一个对话框（LD）；

c. 在光标处输入"X0"。

② 线圈的输入：

a. 在梯形图的第一个接点输入"X0"后，虚线框右移一格；

b. 点击图标"$\dashv$ ( ) $\vdash$ F7"（或按 F7 键），出现指令对话框（OUT）；

c. 在光标处输入"Y0"；

d. 按回车（Enter）键，输入正确则虚线框移到下一行，如果输入不正确则该接点显示为红色，双击该接点进行修改。

注：也可以双击对话框中指令和线圈进行编辑，编辑完成之后按 Enter 键，如果输入错误，则该接点显示为红色。双击该接点，可重新输入。

③ 横线的插入与删除：

a. 横线的插入方法：将虚线框移到需要输入的地方，点击图标"$\overline{}$ F11"（或按 F11 键）；

b. 删除横线：将虚线框移到需要删除的地方，点击图标"$\times$ sF11"（或按 Shift＋F11 键）。

④ 竖线的插入与删除：

a. 竖线的插入方法：将虚线框移到需要输入地方的右上方，点击图标"$\dashv$ F12"（或按 F12 键）；

b. 删除竖线：将虚线框移到需要删除地方的右上方，点击图标"$\divideontimes$ sF12"（或按 Shift＋F12 键）。

（6）　PLC 与其他设备的通信

PLC 具有与其他设备通信的功能，例如跟现场仪表通信，又如跟上位机通信。PLC 要实现与计算机或其他设备的通信，优先考虑以太网通信，也可通过串口通信。

① 以太网通信。以太网通信中，首先将网线一端插入 PLC 的 RJ45 网口，另一端插入计算机的 RJ45 网口中，下面是具体的操作步骤。

a. 设置 PLC 的以太网口的 IP 地址。

打开软件创建新工程后，软件左侧工程一栏中找到"PLC 配置"→"以太网口"，如图 12-60 所示。

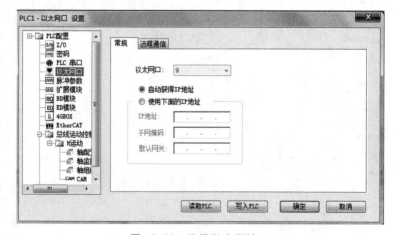

图 12-60　选择以太网端口

选择"使用下面的 IP 地址"，这个 IP 地址对应设备 PLC，对应 IP 地址为 192.168.1.18，单击自动出现子网掩码，不用修改，默认网关为 192.168.1.1，如图 12-61 所示。

注：PLC 的 IP 地址设置完之后，需要断电重启 PLC，才能生效。

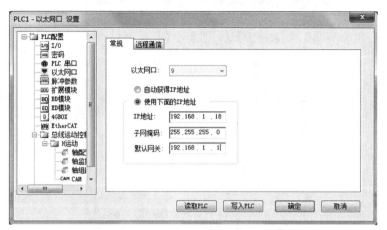

图 12-61　PLC 的 IP 地址设置

b. 设置计算机的 IP 地址。

在桌面右下角找到网络图标（图 12-62），鼠标左键单击打开或鼠标右键单击选择"网络和 Ineternet 设置"，有的系统需要选择"打开网络共享中心"。

图 12-62　网络图标

如果桌面右下角没有网络图标，在控制面板找到网络和共享中心的界面，选择"以太网"点击"更改适配器设置"，进入网络连接，双击"以太网"打开网卡状态信息，再点击"属性"按钮，在菜单栏中找到 IPv4 设置选项并双击打开 IP 地址配置界面，如图 12-63 所示。

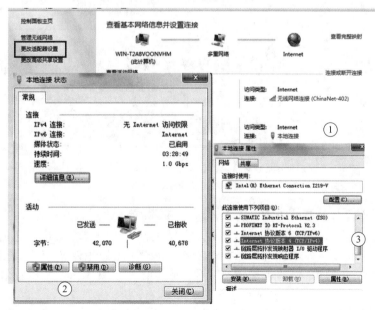

图 12-63　计算机本地连接属性配置界面

在 IP 地址配置界面配置参数时，计算机 IP 地址要与 PLC 的 IP 地址的前三位相同，后一位只要在该网段内而且不与其他设备重复即可；子网掩码还是单击默认；网关与 PLC 的网关一样，点击"确定"按钮完成配置，如图 12-64 所示。

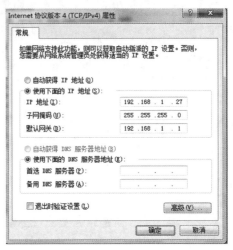

图 12-64　计算机 IP 地址配置

c. 进行通信配置。

PLC 与计算机的 IP 地址设置完毕后，打开编程软件，点击常规工具栏中通信参数设置按钮 ，如图 12-65 所示。

图 12-65　通信参数配置

新建连接，连接名称可以选择默认或者是便于分辨的名字。

双击"新建"连接，或者在图 12-65 所示界面中点击"编辑"，会出现通信配置的界面，通信接口选择"Ethernet"，通信协议选择"Modbus"。此处"设备 IP"填写之前设置的图 12-62 所示的 PLC 的 IP，"本地 IP"填写刚刚设置的图 12-64 所示计算机的 IP，如图 12-66 所示。

通信参数设置完毕之后，点击"确定"，退出后会自动连接，配置参数界面会出现已连

图 12-66　Modbus 协议地址配置

接的字样，如图 12-67 所示。

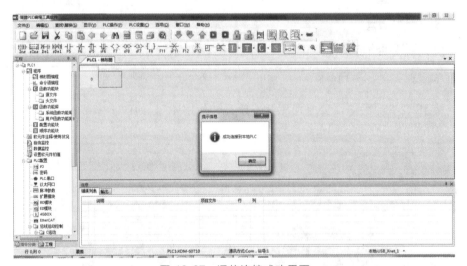

图 12-67　通信连接成功界面

注：计算机与 PLC 必须在同一个网段，而且 IP 地址不能与其他设备重复，如果正常操作下无法连接，可按以下方法检查。

键盘按"win＋R"，在输入框中输入"cmd"点击"确定"打开命令行窗口：

• 输入"ping192.168.1.18"命令按回车键来检查本地的 TCP/IP 协议是否正常，发送与接收的数据相同就是正常的，如图 12-68 所示。

• 如果输入"ping192.168.1.18"命令，按回车键后显示 ping 的结果为"100％丢失"表示

图 12-68　TCP/IP 协议正常连接的情况

不能正常连接 PLC，则要检查网线连接或检查 IP 地址有没有在同一个网段里。

② RS232 串口通信方法。如果用以太网不能通信，PLC 与计算机之间还可以通过 RS232 串口进行通信，方法如下：

a. 点击菜单栏"选项"→"软件串口设置"，或点击图标" "，新建一个串口连接（图 12-69），串口连接名称可以用默认名称，也可以修改成自己容易区分的名称，此处选择默认名称。然后点击自动搜索，显示成功连接 PLC，点"确定"。

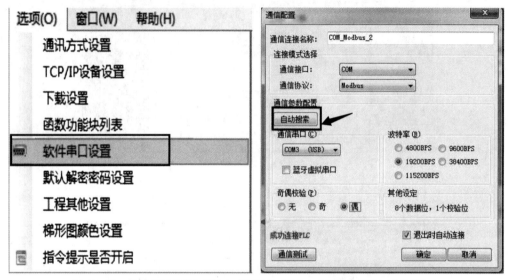

图 12-69　串口通信设置（图中"通讯"在正文中用规范写法"通信"）

b. 连接 PLC 成功后，需要将使用状态改为"使用中"，如图 12-70 所示，表示使用串口进行下载，然后点"确定"即可。

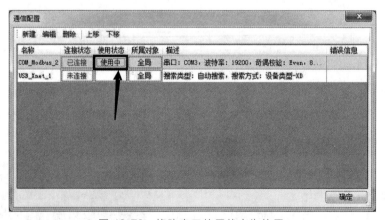

图 12-70　修改串口使用状态为使用

c. 如果通信成功，点击"确定"后会显示"成功连接到本地 PLC"，至此，已经成功将 PLC 与 PC 连接，如图 12-71 所示。

在步骤 a 中若自动检测串口失败，出现如图 12-72 所示的提示，则可能是串口参数被修改，可根据提示使用上电停止 PLC 功能。

在 PLC 的编程界面上，点击"PLC 操作"→"上电停止 PLC"，出现如图 12-73 所示的提示，选择设备管理器中对应的串口，确认串口线连接到 PLC 主机上的第一个圆口，点"确定"。

根据提示，给 PLC 断电，等 PLC 上的电源指示灯灭了后，等待 5 秒，给 PLC 重新上电，出现如图 12-74 所示提示，表示上电停止成功，点击"确定"。

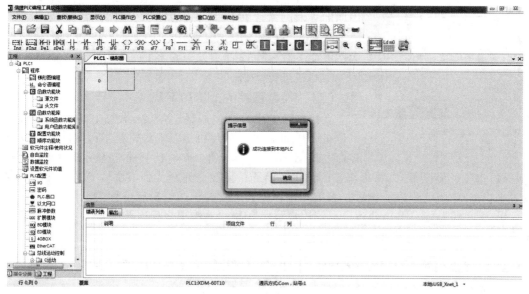

图 12-71 串口通信连接成功界面

图 12-72 检测串口失败界面

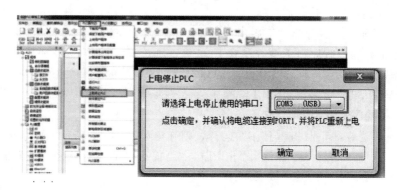

图 12-73 PLC 上电停止

图 12-74　PLC 上电停止成功

点击"确定"后，点"运行 PLC"，右下角出现运行扫描周期即表示已连接 PLC 与 PC 成功，如图 12-75 所示。

注意：可以根据需要选择合适的通信及下载方式，如果以太网不能下载程序或者不知道设备的 IP 地址，那就只能通过 RS232 串口进行下载。

（7）　PLC 程序的上传和下载

在控制系统中，直接控制设备获取设备状况的控制器称为下位机，比如 PLC、单片机等。上位机是指人可以直接发出操控命令的计算机，一般是 PC，其屏幕上显示各种信号变化

（液压、水位、温度等）。将编辑好的程序、设置、参数、注释传到下位机 PLC 上称为下载，反过来将 PLC 中的程序、设置、参数、注释传到电脑梯形图编辑软件称为上传。

① 程序的上传。上传分为"上传用户程序"和"上传用户程序及配置"，区别在于是否将 PLC 中的数据上传到编程软件中。

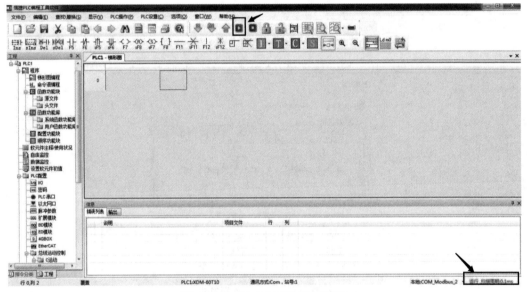

图 12-75　PLC 与 PC 串口通信

联机成功之后，点击菜单栏"PLC 操作"→"上传用户程序及配置"或点击工具栏上传图标"⬆"，可以将 PLC 中的程序进行上传。上传结束后，点击菜单栏"工程"→"保存工程"或图标🖫，将程序保存。

② 程序的下载。下载分为"下载用户程序"和"保密下载用户程序"。两者的区别是一旦使用"保密下载用户程序"下载程序到 PLC 里，则该 PLC 中的程序和数据将永远无法上传，程序的保密性极佳，以此来保护用户的知识产权，使用时务必注意。

联机成功之后，点击菜单栏"PLC 操作"→"下载用户程序"或点击工具栏下载图标"⬇"，可以将程序下载至 PLC 中。

系统的 PLC 为在线下载机型且正在运行，则弹出如图 12-76 所示的提示选项。

a."停止 PLC，继续下载"是指停止 PLC 中当前程序的运行，并下载新的程序到 PLC 里。下载程序结束后，点击运行按钮运行 PLC。

b."在线下载"是指不停止 PLC 中的程序运行，同时把新的程序下载到 PLC 里。下载

图 12-76 下载选项

前后，PLC 始终保持运行状态。执行该功能时，在修改和下载过程中不影响 PLC 的正常运行，且当新工程下载完成后，原有继电器、I/O 状态和寄存器数据保持不变。在程序调试时，利用在线下载比较方便。

在联机的状态下，下载完程序点击"⯈"运行 PLC，点击"◼"停止 PLC 运行。

12.2.2 实验台启动、停止、复位按钮灯启停控制

按钮灯的控制在 PLC 控制中属于输入/输出信号的控制，用基本逻辑控制指令即可实现。

实验台上启动、停止、复位、急停按钮分别对应输入 X0、X1、X2 和 X3，启动、停止、复位按钮灯分别对应 Y0、Y1 和 Y2。

对应的 PLC 程序如图 12-77 所示。这就是典型的启动-保持-停止程序，也称为自锁控制程序。

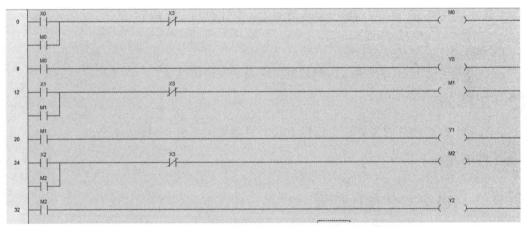

图 12-77 点亮实验台启动、停止、复位按钮灯的 PLC 程序

下载此程序到 PLC，按下对应的启动停止按钮，观察按钮灯的情况。

12.2.3 实验台启动、停止、复位按钮灯闪烁控制

在信捷 PLC 中有一类特殊辅助继电器可以作为时钟使用，在一个振荡周期中一半为 ON，一半为 OFF。这里选用 SM13 作为闪烁控制（1s 的振荡周期，0.5sON，0.5sOFF），在图 12-77 所示的程序中稍加修改就可以实现控制实验台启动、停止、复位按钮灯闪烁，如图 12-78 所示。在按下对应的启动、停止、复位按钮后，按钮灯将按照亮 0.5s、灭 0.5s 的频率进行闪烁。

下载此程序到 PLC，按下对应的启动、停止、复位按钮，观察按钮灯的情况。

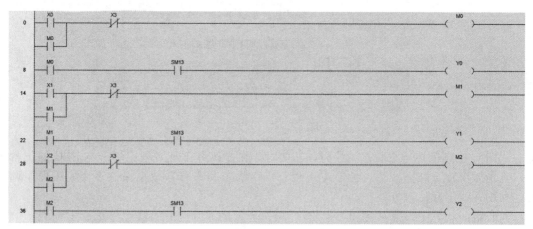

图 12-78　控制实验台启动、停止、复位按钮灯闪烁 PLC 程序

12.3　任务三：PLC 与六轴机器人的通信

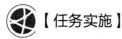【任务要求】

PLC 要控制机器人的运动，或者接收机器人反馈回来的信号，必须要与机器人建立通信。本任务就是学习 PLC 与六轴机器人的通信，具体包括以下内容：

① 通信指令参数设置；

② 通信程序的编写；

③ PLC 寄存器地址与机器人信号地址对应关系及通信验证。

【工具准备】

带有信捷 PLC 软件的计算机、信捷 PLC、机器人实训台、网线、RS232 串口线。

【任务实施】

12.3.1　通信指令参数设置

PLC 与六轴机器人的通信采用的是以太网通信协议。在建立 PLC 与工业机器人通信时，需要使用三条指令：创建 TCP 连接指令 S_OPEN、通信指令 M_TCP 和通信终止指令 S_CLOSE。

（1）S_OPEN 指令

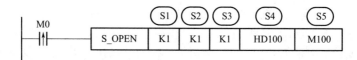

① 指令概述。S_OPEN 指令为通信任务创建指令，与终止通信任务指令 S_CLOSE 配合使用。主要内容：确认通信协议和通信类型、配置通信参数、创建 TCP 连接/UDP 端口监听、绑定套接字 ID。

② 指令功能和动作。

指令功能：通信任务创建指令，M0 一次上升沿调用创建一次 TCP 连接或开启一次 UDP 端口监听。

S1：套接字 ID，范围为 K0～K63。注意：同时建立的套接字数量不超过 64 个，TCP 数量不超过 32 个，UDP 数量不超过 32 个。

S2：通信类型，范围为 K0、K1（K0 为 UDP，K1 为 TCP）。

S3：模式选择，范围为 K0、K1（K0 为服务器，K1 为客户端）。

S4：参数块起始地址，共占用 S4～S4＋8 连续 9 个寄存器。

图 12-79　以太网连接配置

S5：标志起始位置，共占用 S5～S5＋9 连续 10 个线圈。

该指令可以通过"指令配置"中的"以太网连接配置"面板配置，如图 12-79 所示。

示例 S_OPEN 指令的参数配置如图 12-80 所示。圈出的区域中，配置参数需要"写入 PLC"才能生效，其参数选择为：

a. 本机端口：取值范围为 1～60000，502 和 531 为特殊端口不可用。本机端口仅允许被一个通信任务使用。

图 12-80　S_OPEN 指令参数配置

b. 目标设备 IP：目标通信设备的 IP 地址，和本机在同一个子网内。

c. 目标端口：目标通信设备的网络端口号，取值范围为 1～65535。进行 Modbus TCP 通信时，目标端口必须为 502。

d. 数据缓冲方式：

•Bit0 取值为 0 时，使用 8 位存储方式；为 1 时，采用 16 位存储方式。实际接收数据包大于设定接收长度时，自动转换为 16 位存储方式。

•Bit1 取值为 0 时，使用自动接收模式；为 1 时，使用用户接收模式。自动接收：在接收时，如果对方发送太快，自动将来不及接收的数据丢弃；不接收或接收超时也会丢弃对方发送的数据。用户接收：在接收时，如果对方发送太快来不及接收，会存在缓存区内，不丢弃任何数据，可以保证接收数据的完整性（注意：用户接收模式仅在发送太快造成接收丢失时使用，一般不建议使用该模式，且该模式必须使用常开/闭线圈触发接收，防止缓存区溢出）。

e. 接收超时时间：PLC 产生接收数据请求到该动作终止的总时间，取值范围为 0～

65536，取值是 10ms 的倍数。设置为 0 表示不启用接收超时，连续接收数据；设为非 0 时，启用接收超时。接收超时时间对 S_RCV 和 M_TCP 指令有效。若设置接收超时时间为 300ms：请求产生时开始等待对方回应，300ms 内任意时间成功接收数据后立即终止；超过 300ms 未能接收到有效数据，则结束当前指令并报接收超时错误。

以图 12-79 所示的配置为例，HD100 为首的地址块和 M100 为首的标志位置的功能定义如图 12-81 所示，在编程时可以根据需要选择对应的地址。

图 12-81 S_OPEN 配置指令帮助界面（图中界面名称省略 "_" 符号）

（2）M_TCP 指令

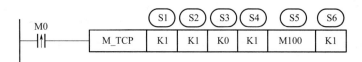

① 指令概述。PLC 作为客户端时，开启成功的通信任务，实现以太网自由通信或 Modbus TCP 数据通信。与创建通信任务指令 S_OPEN、终止通信指令 S_CLOSE 指令配合使用。

② 指令功能和动作。

Modbus TCP 通信指令：M0 的一次上升沿进行一次 Modbus TCP 通信。

S1：远端通信站号，范围为 K0～K247。

S2：Modbus 通信功能码。

S3：目标首地址，此处为 Modbus 通信地址。

S4：通信数据个数。

S5：本地首地址。

图 12-82 Modbus TCP 配置

S6：套接字 ID，指定使用的 TCP 连接，目标端口必须为 502。

注：M_TCP 指令无法单独使用，需和 S_OPEN、S_CLOSE 指令配合使用；M_TCP 指令仅当 PLC 作为客户端时生效，实现 Modbus TCP 协议的数据收发。

该指令需要通过"指令配置"中的"Modbus TCP 配置"面板配置，如图 12-82 所示。

示例指令中 Modbus TCP 参数配置如图 12-83 所示。

功能码选择说明如表 12-1 所示。

图 12-83 Modbus TCP 各参数配置（图中界面名称字母大小写为实际显示）

表 12-1 功能码选择说明

数值	功能码	数值	功能码
K1	读线圈	K2	读输入离散量
K3	读寄存器	K4	读输入寄存器
K5	写单个线圈	K6	写单个寄存器
K15	写多个线圈	K16	写多个寄存器

（3） S_CLOSE 指令

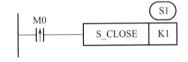

① 指令概述。

S_CLOSE 指令为通信终止指令，当与目标通信设备通信完成后，或 TCP 连接出现异常时，需要关闭通信任务。

② 指令功能和动作。

通信任务终止指令：M0 上升沿来临时，终止通信任务。

注意：该指令无法单独使用，需和 S_OPEN 指令配合使用。

S1：指定要关闭的套接字 ID，可指定寄存器或常数，范围为 K0～K63。指令执行后，基于此套接字 ID 的 M_TCP、S_SEND、S_RCV 指令将无法执行。

12.3.2 PLC 与六轴机器人通信程序的编写

（1）配置 S_OPEN 参数

① 打开编程软件，找到 S_OPEN 通信指令，鼠标左键单击确认，如图 12-84 所示。

② 右键点击 S_OPEN 指令，选择 "S_OPEN 指令参数设置"，如图 12-85 所示。

③ PLC 与六轴机器人通信参数配置如图 12-86 所示，点击 "写入 PLC"，PLC 断电重启参数生效。

④ 点击右上角 "?"，会出现 PLC 与六轴机器人通信的标志位参数，如图 12-87 所示。

（2）配置读写通信参数

① 在通信指令中找到 M_TCP 指令，如图 12-88 所示。

② 右键点击 M_TCP 指令，选择 "M_TCP 指令参数配置"，如图 12-89 所示。

③ 读写参数配置。图 12-90 所示为读参数，即从六轴机器人反馈到 PLC 的数据；图 12-91

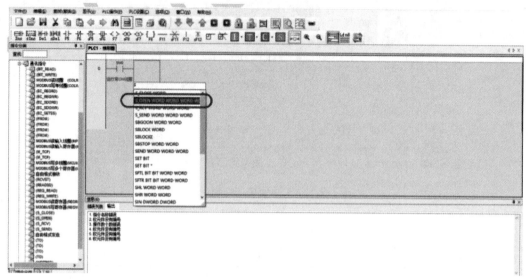

图 12-84　输入 S_OPEN 通信指令

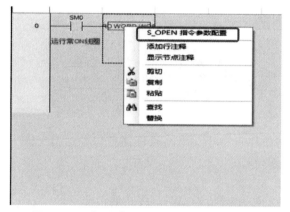

图 12-85　找到"S_OPEN 指令参数配置"

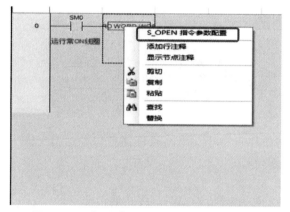

图 12-86　PLC 与六轴机器人通信参数配置

所示为写参数，即 PLC 写控制字发出指令去控制六轴机器人。此处的读写均是以 PLC 为参考来说，在配置参数及编程时，尤其要注意，不要写反了。

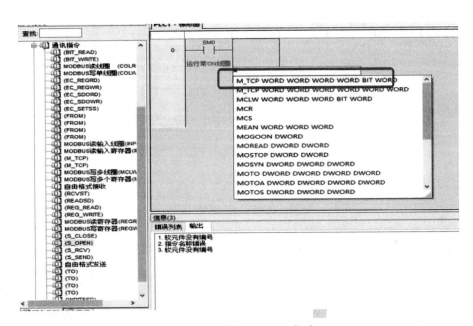

图 12-87　PLC 与六轴机器人通信的标志位参数（图中界面名称省略"_"符号）

图 12-88　输入 M_TCP 指令

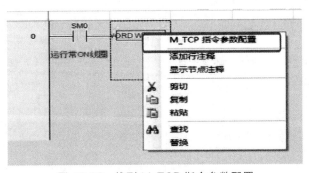

图 12-89　找到 M_TCP 指令参数配置

（3）完整程序

图 12-92 所示完整程序的功能是将 PLC 中 D300～D305 的值分别赋给机器人 40123～40128，将机器人中 40071～40076 的值赋给 PLC 的 D350～D355 寄存器。

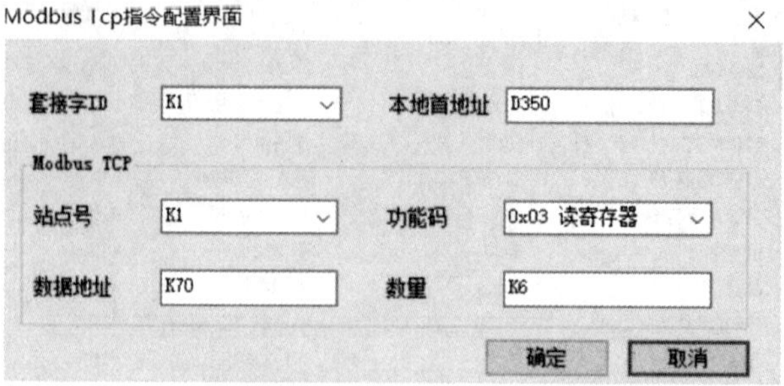

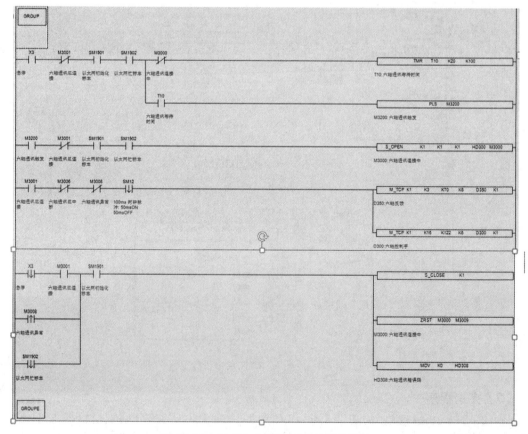

图 12-90　M_TCP 读参数配置

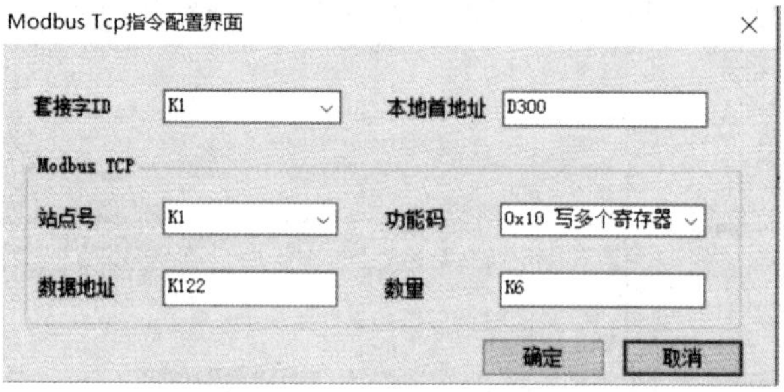

图 12-91　M_TCP 写参数配置

图 12-92　PLC 与六轴机器人的通信程序

12.3.3   PLC 与机器人通信变量对应关系及通信验证

PLC 与机器人通信变量的对应关系如图 12-93 所示，在编程时要做好对应，在验证通信成功与否时可以通过写寄存器输入变量，然后观察六轴机器人中的数据是不是跟 D300 一样，如果一样则表明通信成功。

验证六轴机器人与 PLC 通信是否成功的方法如下。

① 六轴机器人的 IP 地址（控制器 IP）默认为 192.168.1.12，如图 12-94 所示，无需修改。

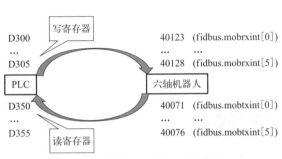

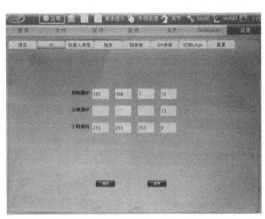

图 12-93   通信变量之间的对应关系

图 12-94   六轴机器人 IP 地址

② 在 PLC 监控表中，修改 D300 的值，观察示教器对应点 40123 中值的变化（点击"监控"→"现场总线"即可看到），如图 12-95 所示。

③ 修改图 12-96 所示的示教器 40071 中的值，观察 PLC 中 D350 值的变化。

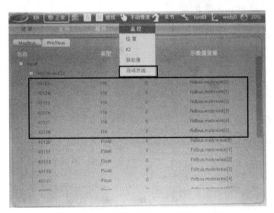

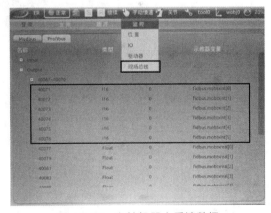

图 12-95   六轴机器人控制字地址

图 12-96   六轴机器人反馈数据

12.4   任务四：触摸屏的使用

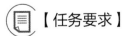【任务要求】

触摸屏在机器人控制中是非常重要的人机接口，它可以借助 PLC 的程序作为输入设备

输入控制参数及命令，也可以作为输出设备接收反馈信息并显示出来。本任务就是学习触摸屏的使用，具体包括以下内容：

① 触摸屏的硬件连接；

② Touch Win 软件的使用。

【工具准备】

带有信捷 PLC 软件的计算机、信捷 PLC、信捷触摸屏、网线、RS232 串口线、触摸屏 USB 下载线。

【任务实施】

12.4.1　触摸屏的硬件连接

（1）触摸屏与 PLC 的连接

① 信捷 TGM765S-ET 触摸屏介绍。

a. 通信接口。触摸屏反面区及通信接口如图 12-97 所示，接口功能如表 12-2 所示。

图 12-97　TGM765S-ET 触摸屏通信接口

1—USB-A 接口；2—USB-B 接口；3—以太网接口；4—拨码开关；5—电源接口；6—PLC 口；7—Download 口

表 12-2　触摸屏通信接口功能

外观	名称	功能
拨码开关 1 2 3 4	拨码开关（注）	用于设置强制下载、触控校准等
Down load	COM1 通信接口（Download 口）	支持 RS232/RS485 通信
PLC	COM2 通信接口（PLC 口）	支持 RS232/RS485/RS422 通信

外观	名称	功能
	USB-A 接口	可插入 U 盘存储数据,或导入工程
	USB-B 接口	连接 USB 线上传/下载程序
	以太网接口	支持与 TBOX、西门子 S7-1200、西门子 S7-200Smart 及其他 Modbus-TCP 设备通信

注：TG 系列触摸屏拥有一组 4 位拨码开关，位于背面右下侧，其设置功能见表 12-3。

表 12-3　拨码开关状态及功能

开关	DIP1	DIP2	DIP3	DIP4	功能
状态	ON	OFF	OFF	OFF	未定义
	OFF	ON	OFF	OFF	强制下载
	OFF	OFF	ON	OFF	系统菜单：时钟校准、触摸校准、IP 设置及修改
	OFF	OFF	OFF	ON	未定义

b. 触摸屏程序的下载。触摸屏程序的下载可以采用网线下载，还可以使用如图 12-98 所示的 USB 线缆进行串口下载。使用串口下载前首先要安装 USB 驱动。正确安装驱动后，先确认已正确连接计算机再进行程序下载。

触摸屏程序无法顺利下载，或下载完成后触摸屏画面无法正常显示等情况下，需要使用强制下载，方法如下。

图 12-98　触摸屏串口下载线

• 将触摸屏处于断电状态，将拨码开关 2 号开关拨至 ON 状态，如图 12-99 所示。
• 将触摸屏上电，连接 USB 下载电缆，下载画面程序。

图 12-99　强制下载拨码开关状态

• 完成后，将 2 号开关拨至 OFF，重新上电，画面正常显示。

② 触摸屏与 PLC 的通信（以以太网通信为例）。

a. 打开触摸屏软件，新建工程。选择触摸屏型号 "TGM765（S）-MT/UT/ET/XT/NT"，如图 12-100 所示，选好点击"下一步"。

b. 设置 PLC 口：选择"不使用 PLC口"，如图 12-101 所示。设置下载口：下载口不连接外部设备进行通信时，选择"不使用下载口"，如图 12-102 所示。

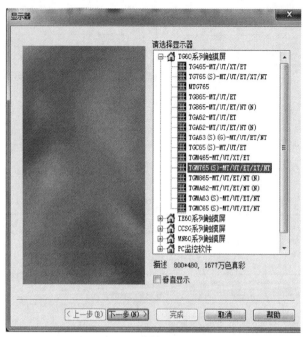

图 12-100　触摸屏

注意：下载口连接外部设备进行通信时，需要在图 12-102 所示界面中选择正确的设备类型并设置通信参数，然后单击"确定"。

图 12-101　触摸屏 PLC 口选择

图 12-102　触摸屏下载口选择

c. 点击"以太网设备"，设置所需的触摸屏 IP 地址。此处触摸屏 IP 地址为192.168.1.60，子网掩码为 255.255.255.0，网关为 192.168.1.1，如图 12-103 所示。

d. 右键点击"以太网设备"选择"新建"，名称默认或者改为容易辨识的名字，此处改为 PLC，如图 12-104 所示，点击"确定"。

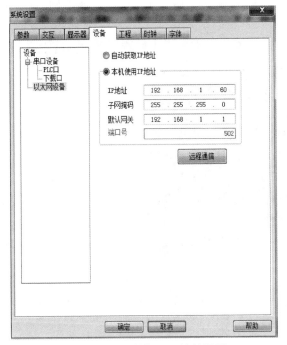

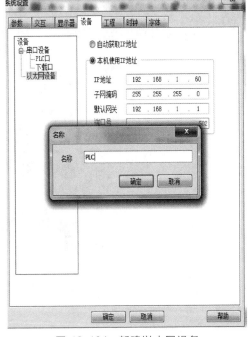

图 12-103　触摸屏 IP 地址设置　　　　　　图 12-104　新建以太网设备

e. 点击刚刚新建的以太网设备"PLC"，选择需要连接的 PLC 型号，配置所要连接的 PLC 的 IP 地址和端口号。此处选择信捷 XD/XG 系列 PLC，IP 地址为 192.168.1.12，如图 12-105 所示，点击"确定"，即可完成触摸屏与 PLC 的通信。

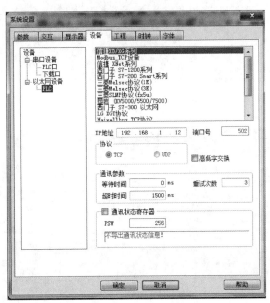

图 12-105　新建以太网设备的参数设置（图中"通讯"在正文中用规范写法"通信"）

（2）触摸屏 IP 地址的查看与设置

如果在触摸屏与 PLC 连接时，将软件上触摸屏的 IP 地址写错，下载一个错误的 IP 地址到触摸屏，导致触摸屏与 PLC 通信不成功，这时可在触摸屏上进行 IP 地址的查看与修改。

① 首先将拨码开关 3 拨到 ON，如图 12-106 所示，然后断电重启触摸屏。

图 12-106　拨码开关 3 置于 ON

② 开机后进入如图 12-107 所示的系统菜单，点击"IP 设置"就可以看到软件上设置的 IP 地址，如图 12-108 所示。

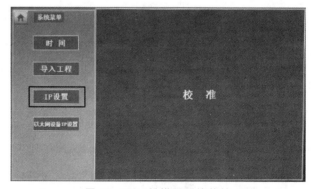

图 12-107　触摸屏系统菜单

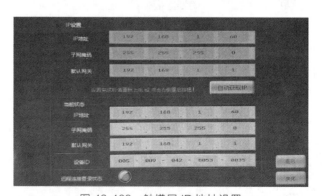

图 12-108　触摸屏 IP 地址设置

③ 图 12-107 中当前状态的 IP 地址即为刚刚下载进去的 IP 地址，如果该 IP 地址与硬件实际 IP 地址不符，则在 IP 设置中将 IP 地址设置为正确的 IP 地址即可，然后将拨码开关 3 拨到 OFF，最后点击"重启"。

④ 重启之后 IP 地址设置完成。

12.4.2　TouchWin 软件的使用

（1）工程的创建

① 新建工程。双击桌面上的"TouchWin 编辑工具"快捷方式，打开触摸屏编辑软件，如图 12-109 所示。

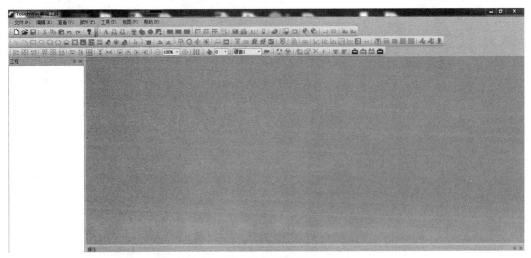

图 12-109　打开触摸屏编辑软件

单击"📄"图标或"文件（F）"菜单下"新建（N）"，新建触摸屏工程，并命名，如图 12-110 所示。

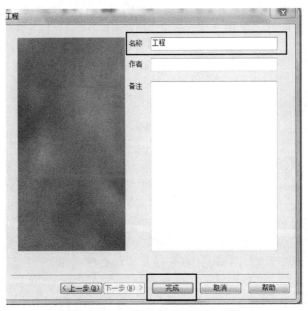

图 12-110　新建触摸屏工程命名

根据硬件选择正确的触摸屏型号，如图 12-100 所示，系统参数设置及与 PLC 的通信见12.4.1 节图 12-101～图 12-105 所示，设置完成后，修改工程名，如图 12-110 所示，点击

213

"完成"，新建工程流程结束。

②打开工程。单击"文件（F）"中"打开（O）"或""图标，或按下快捷操作键 Ctrl＋O，出现如图 12-111 所示对话框，选择工程单击"打开"或直接双击工程即可。

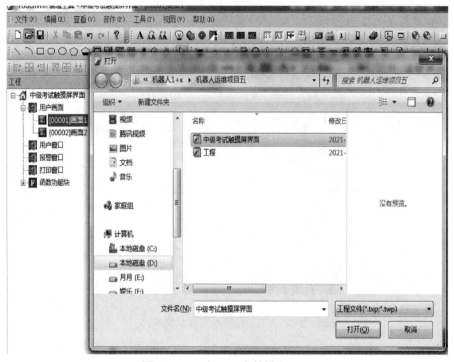

图 12-111　打开已有触摸屏工程

③关闭工程。单击"文件（F）"中"关闭（C）"，关闭当前工程，但并非退出 TouchWin 编辑软件，倘若此工程未被保存，则会弹出如图 12-112 所示提示窗口。

④保存工程。

a. 普通保存（S）。单击"文件（F）"中"保存（S）"或""图标，或按下快捷操作键 Ctrl＋S，打开保存对话框，选择保存路径并输入工程名，单击"保存（S）"即可。

图 12-112　关闭工程提示窗口

b. 另存为（A）。该操作不同于"保存"，"保存"是以原工程为基础使用新文件代替旧文件；而"另存为"则以新工程的形式保存当前工程。弹出"保存"对话框后，选择存储路径并输入文件名，单击"保存"按钮即可。

c. 加密保存（E）。在程序员需要保护自己程序不泄露，且又必须将程序交予客户自行下载的情况下，程序员可选择加密保存。此方式保存的文件，用编辑软件打开后，看不到画面内容，无法修改任何参数。因为"加密保存"后的文件，再次打开后看不到画面内容，所以程序员应首先将编辑好的程序使用普通保存方式再另存一份。

（2）画面的编辑

打开触摸屏编辑软件 TouchWin，软件界面如图 12-113 所示，画面的编辑和制作就在画面编辑区进行。本节介绍常见部件的制作方法，其他的可参考触摸屏手册。

①按钮制作。单击菜单栏"部件（P）"→"操作键（O）"→"按钮（B）"或部件栏按钮图标""，在编辑画面上单击，在弹出的属性对话框中设置其属性。双击按钮，或

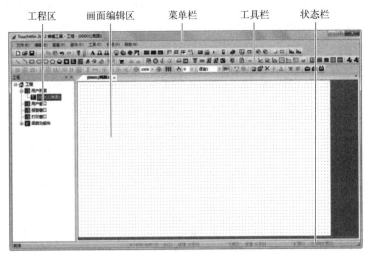

工程区　　　画面编辑区　　　菜单栏　　　工具栏　　　状态栏

图 12-113　触摸屏编程界面介绍

选中按钮后单击鼠标右键选择"属性"，或通过"📷"按钮进行属性查看及修改。

　　a. 对象选项卡。"设备"选择新建工程中添加的设备名称，在上节中设备名为 PLC，"对象类型"选择 M，地址设置一个 1～256 之间的地址，例如 M101，如图 12-114 所示。

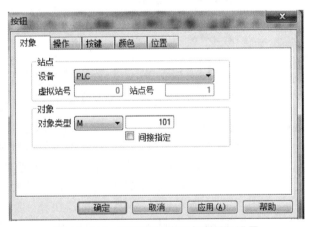

图 12-114　按钮对象选项卡查看及设置

　　b. 操作选项卡。操作选项卡里，有四个按钮的操作，如图 12-115 所示。"置 ON"就是点击一下按钮，按钮就变为 ON 状态，抬起以后仍然为 ON 状态；"置 OFF"就是点击一下按钮，按钮就变为 OFF 状态，抬起以后仍然为 OFF 状态；"取反"就是原来按钮如果是

ON 状态，点击一下就会变为 OFF 状态，原来按钮如果为 OFF 状态，点击一下就会变为 ON 状态；"瞬时 ON"就是按钮按下时变为 ON 状态，抬起以后变为 OFF 状态。一般最常用的就是"瞬时 ON"按钮，此处选择这个"瞬时 ON"。

图 12-115　按钮操作选项卡查看及设置

　　c. 按键选项卡。在按键选项卡中，可以对按钮上的文字、按键正常

和按下的外观、对齐方式等内容进行修改，如图 12-116 所示（"按键"即"按钮"，为便于读者对照，按照软件实际显示情况描述）。

图 12-116　按键选项卡查看及设置

d. 其他选项卡。颜色选项卡中，可以对文字色、按键色和底色进行修改。位置选项卡中，可以对按键的大小和位置进行修改，也可以用鼠标拖动按键修改其位置。

图 12-117　按钮设置完成图

都设定好后，点击"确定"，一个按钮就设置完成了。设置完成后，在按钮的左上角可以看见这个按钮的地址。图 12-117 所示就是刚刚设置的按钮。

② 指示灯制作。单击菜单栏"部件（P）"→"操作键（O）"→"指示灯（L）"或部件栏指示灯图标"👑"，在编辑画面上单击，在弹出的属性对话框中设置其属性。双击指示灯，或选中指示灯后单击鼠标右键，选择"属性"或通过"🖻"按钮进行属性查看及修改。

对象选项卡中，"设备"选择 PLC，因为灯是输出，因此"对象类型"选择 Y，地址设置为 Y10，如图 12-118 所示。

参考按钮的设计方法，在灯、闪烁、颜色及位置选项卡里面进行设置后，点击"确定"，一个指示灯就制作完成了。

③ 指示灯按钮制作。单击菜单栏"部件（P）"→"操作键（O）"→"指示灯按钮（T）"或部件栏指示灯按钮图标"●"，在编辑画面上单击，在弹出的属性对话框中设置其属性。双击指示灯按钮，或选中指示灯按钮后单击鼠标右键，选择"属性"或通过"🖻"按钮进行属性查看及修改。

图 12-118　指示灯对象选择卡设置及查看

　　在对象选项卡里，上面的"操作对象"对应的就是按钮，设定一个地址为 M102、具有按钮功能的操作对象；下面的"监控对象"对应的就是指示灯，设定一个地址为 Y12 的指示灯，如图 12-119 所示。

　　注意："监控对象"未勾选时，默认为显示对象与操作对象一致，不可修改；勾选时，可选择监控目标的设备站点号及对象类型。

　　在常规选项卡里，"按钮操作"选择"瞬时 ON"，"闪烁状态"选择"不闪烁"，如图 12-120 所示。

图 12-119　指示灯按钮对象设置　　　　　图 12-120　指示灯按钮常规设置

　　将外观、颜色、位置设定好后点击"确定"，一个指示灯按钮就设置好了，如图 12-121 所示。这个指示灯按钮既可以实现按钮的功能，也可以实现指示灯的功能。

　　④ 文字串制作。单击菜单栏"部件（P）"→"文字（T）"→"文字串（T）"或部

图 12-121　指示灯
按钮完成图

件栏字符串图标"　**A**　"，在编辑画面上单击，在弹出的对话框中输入需要显示的文字。双击文字串，或选中文字串后单击鼠标右键，选择"属性"或通过"　　"按钮进行属性查看及修改。设置好显示、颜色、位置选项卡，点击"确定"，就能显示想要显示的文字了，如图 12-122 所示。

⑤ 数据显示制作。单击菜单栏"部件（P）"→"显示（D）"→"数据显示（D）"或部件栏数据显示图标"　　"，在编辑画面上单击，在弹出的属性对话框中设置其属性。双击数据显示，或选中数据显示后单击鼠标右键，选择"属性"或通过"　　"按钮进行属性查看及修改。

图 12-122　文字串设置

a. 对象选项卡。"设备"选择 PLC，对象设置数据类型为单字或双字如图 12-123 所示，若为浮点数必须设置数据类型为双字（DWord）

b. 显示选项卡。

• 数据显示类型可以是十进制、十六进制、浮点数和无符号数，可根据具体情况来选，然后根据选择的数据类型设置数据显示的总位数和小数位长度，单字（Word）位数最大为 5，双字（DWord）整数部分位数最大为 10。如果数据设置为十进制或无符号数，并设置了小数位，那么显示在触摸屏上的数据为"假小数"，即数据显示有小数位，数据被缩小了，小数点左移位数为小数位设置的数值。例如：设置 D0 为单字无符号数，数据位数为 5，小数位为 2，通信设备中的实际数值是 12345，在触摸屏上会显示 123.45。

• 比例转换。显示数据由寄存器中的原始数据经过换算后获得，比如传感器的信号为模拟量，显示时必须要转换成数字量，所以要进行比例换算。选择此项功能需设定数据源和输出结果的上、下限，上、下限可以为常数，也可以由数据寄存器指定，如图 12-124 所示。数据源为下位通信设备中的数据，输出结果为经过比例转换后显示在触摸屏上的数据。

计算公式：比例转换后结果＝[(B1－B2)/(A1－A2)]×（数据源数据－A2）＋B2

注：比例转换后结果类型为十进制或无符号数时，四舍五入；十进制转无符号数，显示格式必须设置为十进制；数据做比例转换时，应先设置好上、下限，再输入待转换数据。

图 12-123 数据显示"对象"设置

图 12-124 数据显示"显示"设置

⑥ 画面跳转制作。此部件在于实现不同画面之间的跳转功能，同时可设置跳转权限。

新建一个画面，编号为 1。在画面 1 中单击菜单栏"部件（P）"→"操作键（O）"→
"画面跳转（J）"或部件栏"■"图标，移动光标至画面中，在编辑画面上单击，在弹出
的属性对话框中设置其属性。双击画面跳转，或选中画面跳转后单击鼠标右键，选择"属
性"或通过"■"按钮进行属性查看及修改。

跳转画面号：输入跳转画面号，此处输入 2，如图 12-125 所示；

密码模式：登录模式下，无需设置权限，直接跳转画面；验证模式下，实行密码保护，
输入正确密码后才可进行画面跳转，与"按键"选项中"密码"相对应。

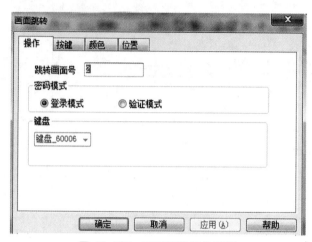

图 12-125 画面跳转操作设置

再新建一个编号为 2 的画面。添加完毕后，在画面 2 中同样设计一个跳转到画面 1 的画面跳转按钮，即可实现在画面 1 和 2 之间来回切换。

（3）工程的上载与下载

TouchWin 编辑软件支持普通下载和完整下载两种下载方式，若要采用 TH-USB 下载线进行下载，则该下载线需要安装专用驱动。

① 普通下载。单击菜单栏"文件（F）"→"下载工程数据（D）"或操作栏下载图标"▣"，即可下载程序，如图 12-126 所示。这种下载方式，不具有上载功能，即触摸屏中的程序无法上载到计算机上。

图 12-126 普通下载模式

② 完整下载。单击菜单栏"文件（F）"→"完整下载工程数据（F）"或操作栏完整下载图标"▣"，即可下载程序。这种下载方式，可以将触摸屏的程序上载到计算机上，也可以通过加密（密码请设置为 2 位及以上数字），限制程序被上载的权限，如图 12-127 所示。

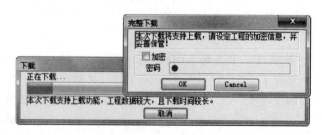

图 12-127 完整下载模式

③ 上下载协议栈设置。

a. 单击操作栏上下载协议栈设置图标"▣"，此功能用来选择下载方式。连接方式指连接触摸屏的方式，默认选择"查找设备"，如图 12-128 所示。

图 12-128　上下载协议栈设置

端口指计算机连接触摸屏的端口。自动查询代表 USB 口，本地串口代表 RS232 串口，局域网口代表以太网口，远程连接代表广域网远程通信。

b. 指定端口下载。使用指定端口下载需要将触摸屏和计算机用网线连接，并将触摸屏的 IP 地址和计算机的 IP 地址设为同一网段内（设置方式见 12.4.1 节）。此方式下载程序，上下载协议栈选择"指定端口"，如图 12-129 所示。此处的地址与触摸屏的 IP 地址保持一致即可下载程序。

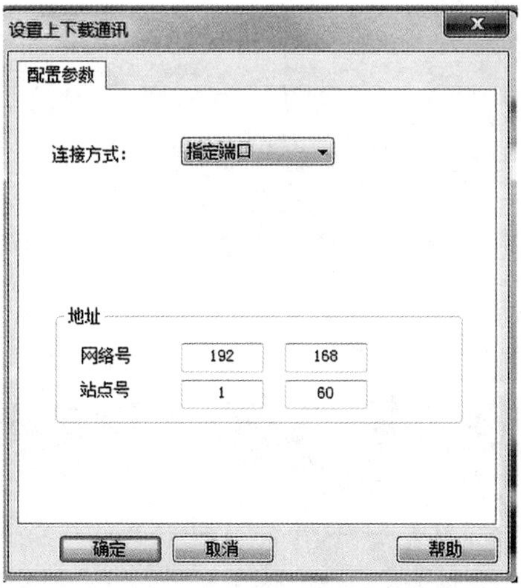

图 12-129　指定端口下载

c. 串口下载。若指定端口下载失败，则需要用专用的串口线进行下载，上下载协议栈中选择"本地串口"，在下方出现的选项中选择计算机的串口号，如图 12-130 所示，设置完成后，再点击"下载"将程序下载到触摸屏。

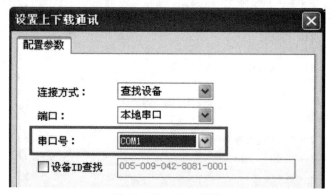

图 12-130　串口下载

注意：此处只是设置下载方式，设置完成后仍然通过"下载"和"完整下载"来下载程序。

④ 程序上载。触摸屏支持工程数据上载功能，便于数据资源管理。

单击操作栏上载图标"🔺"，进行工程上载，但是此功能要在下载程序之前实现"完整下载"的操作，才能生效，否则上载时提示"不存在工程"或"不支持上载"，如图 12-131 所示。

图 12-131　程序上载未生效

不加密上载：不需要输入密码，对所有用户开放，如图 12-132 所示。

图 12-132　程序不加密上载

加密上载：需要输入密码，限制用户上载程序的权限，如图 12-133 所示。

图 12-133　程序加密上载

12.5　任务五：综合实训

 【任务要求】

实际生产加工过程中，工业机器人在搬运方面有众多的应用，在食品、药品、汽车装配、金属加工等领域应用非常广泛，涉及的环节包括生产、包装、物流运输、周转、仓储等。采用工业机器人进行搬运工作可以将人从重复、高强度的劳动中解放出来，极大地提高生产率，节省人力成本开支，提高搬运过程中的定位精度并降低搬运过程中的产品损坏率，提升生产效益。本任务使用按钮和触摸屏来控制工业机器人连续搬运工件。

 【工具准备】

工业机器人应用系统、计算机。

 【任务实施】

12.5.1　按钮控制工业机器人连续搬运工件

在某些场合下，要求工业机器人在搬运前处于原点位置等待指令，一旦操作人员按下启动按钮，启动灯开始常亮，工业机器人就开始搬运工件。当工件搬运完毕后，工业机器人回到原点，启动灯熄灭，停止灯常亮。具体的流程如图 12-134 所示。

（1）六轴工业机器人示教程序的编写

① 子程序。图 12-135 所示程序为六轴工业机器人的子程序。

各行的含义如下：

a. 移动到原点；

b. 让 DO.13 输出 0，松开两指夹爪；

c. 沿直线移动到抓取点上方距离 100mm 的点；

d. 沿直线移动到抓取点；

e. 让 DO.13 输出 1，夹紧两指夹爪，抓取工件；

f. 延时 1s；

g. 沿直线移动到抓取点上方距离 100mm 的点；

h. 沿直线移动到过渡点；

i. 沿直线移动到放置点上方距离 100mm 的点；

j. 沿直线移动到放置点；

k. 让 DO.13 输入 0，松开两指夹爪；

l. 延时 1s；

m. 沿直线移动到放置点上方距离 100mm 的点；

n. 沿直线移动到过渡点；

o. 移动到原点。

② 主程序。

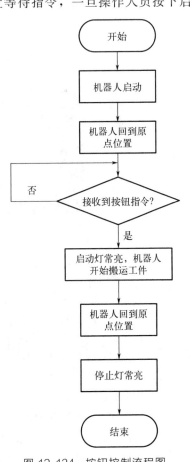

图 12-134　按钮控制流程图

223

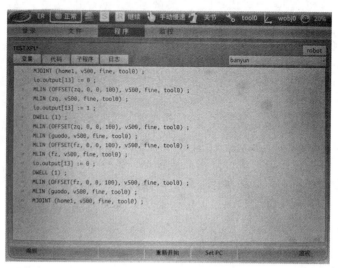

图 12-135　子程序

图 12-136 所示程序为六轴工业机器人的主程序。

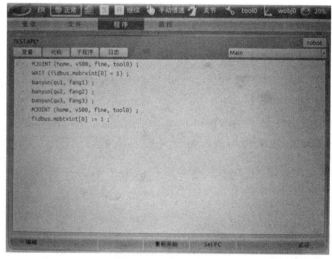

图 12-136　主程序

各行的含义如下：

a. 移动到原点；

b. 等待 fidbus. mobrxint ［0］ 中的值为 1；

c. 以 qu1 为取工件点，fang1 为放工件点，调用 banyun 子程序开始搬运第一个轴承；

d. 以 qu2 为取工件点，fang2 为放工件点，调用 banyun 子程序开始搬运第二个轴承；

e. 以 qu3 为取工件点，fang3 为放工件点，调用 banyun 子程序开始搬运第三个轴承；

f. 移动到原点；

g. 向 fidbus. mobtxint ［0］ 中写入 1，发送给 PLC 的 D350 寄存器。

（2）　PLC 与六轴工业机器人通信程序的编写

图 12-137 为 PLC 与六轴工业机器人的通信程序。

第一行中首先添加一个常 ON 线圈 SM0，然后来配置 S_OPEN 指令，其中 S_OPEN 指

图 12-137　PLC 与六轴工业机器人的通信程序

令的参数配置如图 12-138 所示，配置完毕后点击"确定"即可。

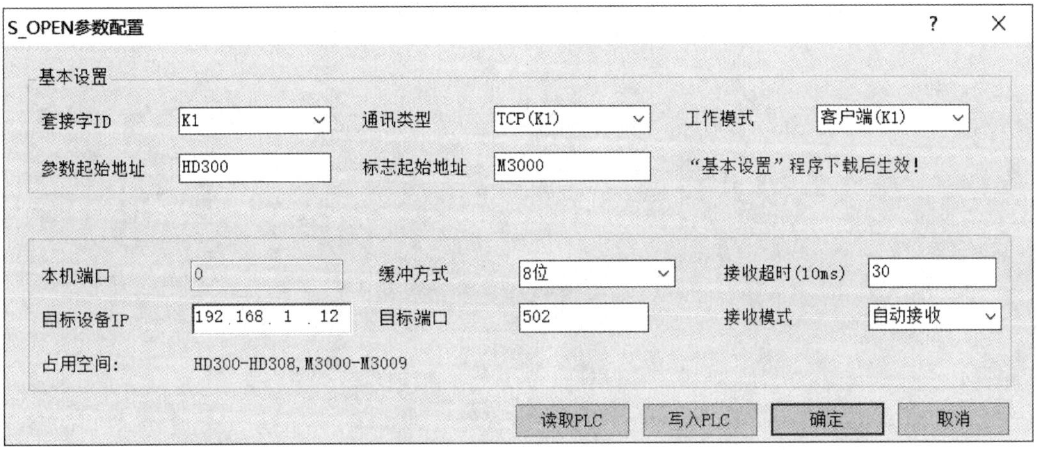

图 12-138　S_OPEN 指令配置（软件中"通讯"的规范写法应为"通信"）

　　第二行中首先添加一个六轴通信已连接标志 M3001，当 S_OPEN 指令配置正确后，M3001 常开触点会闭合，从而触发后续两条 M_TCP 指令的配置。其中第二行的 M_TCP 指令用来配置接收寄存器，第三行的 M_TCP 指令用来配置发送寄存器，具体的参数配置如图 12-139 和图 12-140 所示。

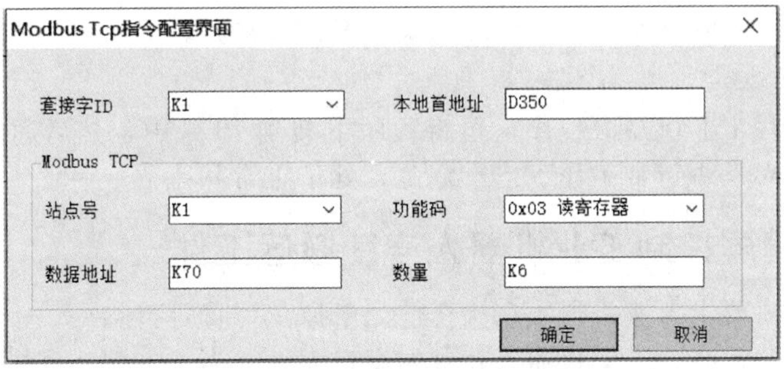

图 12-139　接收寄存器配置

　　S_OPEN 指令、两条 M_TCP 指令都配置完毕后，将程序下载到 PLC 中，PLC 与六轴工业机器人就可以正常通信了。PLC 中 D300 寄存器发送的数据会存储到六轴工业机器人 fidbus. mobrxint[0]中，六轴工业机器人 fidbus. mobtxint[0]中发送的数据会存储到 PLC 的 D350 寄存器中。

（3）按钮控制六轴工业机器人程序的编写

　　使用按钮控制六轴工业机器人时，需要在 PLC 程序中添加相应的程序，如图 12-141

所示。

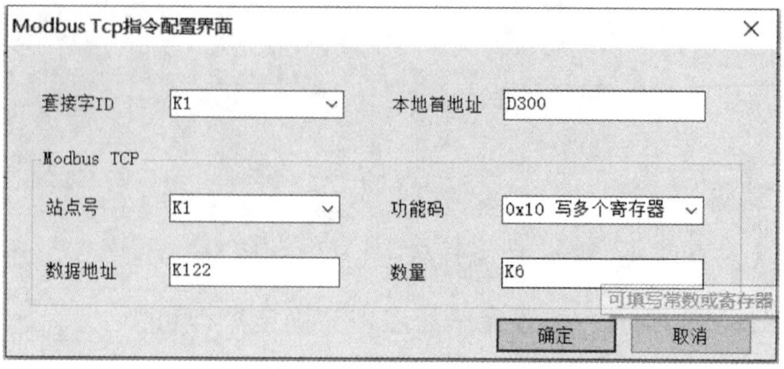

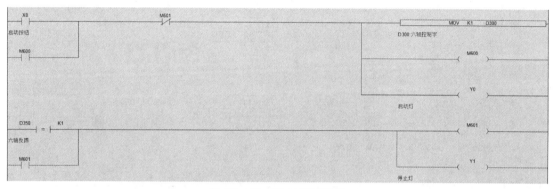

图 12-140 发送寄存器配置

图 12-141 PLC 控制程序

当按下启动按钮后，PLC 会向六轴工业机器人发送一个控制字 1，此时六轴工业机器人接收到这个控制字后会跳出"WAIT（fidbus. mobrxint［0］=1）"语句，向下执行 banyun 子程序。同时，PLC 程序中的 M600 和 Y0 线圈被触发，形成自锁，启动灯常亮。当六轴工业机器人执行完 banyun 子程序后，会通过"fidbus. mobtxint［0］=1"向 PLC 的 D350 寄存器发送反馈字 1，当 D350 寄存器接收到反馈字 1 后，会触发 M601 和 Y1 线圈，形成自锁，同时第一行的 M601 常闭触点断开，启动灯熄灭，停止灯常亮。

（4）联合调试

通过示教器编写工业机器人程序，再将程序下载到 PLC 中，然后通过按下触控面板上的按钮来观察机器人是否正常工作、指示灯是否处于正常状态。

12.5.2 触摸屏控制工业机器人连续搬运工件

在某些场合下，要求工业机器人在搬运前处于原点位置等待指令，一旦操作人员按下启动按钮，启动灯开始常亮，工业机器人就开始搬运工件。当工件搬运完毕后，工业机器人回到原点，启动灯熄灭，停止灯常亮。具体的流程如图 12-142 所示。

（1）六轴工业机器人示教程序的编写

同 12.5.1 节。

（2）PLC 与六轴工业机器人通信程序的编写

同 12.5.1 节。

（3）触摸屏画面的设置

触摸屏的画面如图 12-143 所示。

触摸屏上设置两个瞬时 ON 的指示灯按钮：启动按钮是绿色，操作对象为 M100，监控对象为 Y10；停止按钮是红色，操作对象为 M101，监控对象为 Y11。

（4）触摸屏控制六轴工业机器人程序的编写

使用触摸屏控制六轴工业机器人时，需要在 PLC 程序中添加相应的程序，如图 12-144 所示。

当按下触摸屏绿色按钮后，PLC 会向六轴工业机器人发送一个控制字 1，此时六轴工业机器人接收到这个控制字后会跳出"WAIT（fidbus.mobrxint[0]=1）"语句，向下执行 banyun 子程序。同时，PLC 程序中的 M600 和 Y10 线圈被触发，形成自锁，启动灯常亮。当六轴工业机器人执行完 banyun 子程序后，会通过"fidbus.mobtxint[0]=1"向 PLC 的 D350 寄存器发送反馈字 1，当 D350 寄存器接收到反馈字 1 后，会触发 M601 和 Y11 线圈，形成自锁，同时第一行的 M601 常闭触点断开，启动灯熄灭，停止灯常亮。

（5）联合调试

通过示教器编写工业机器人程序，再将程序下载到 PLC 中，将触摸屏画面下载到触摸屏上，然后通过按下触摸屏上的按钮来观察机器人是否正常工作、指示灯是否处于正常状态。

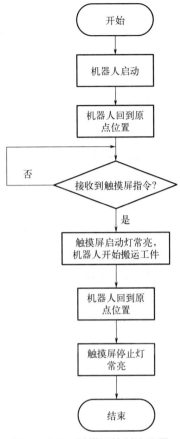

图 12-142　触摸屏控制流程图

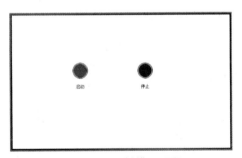

图 12-143　触摸屏画面

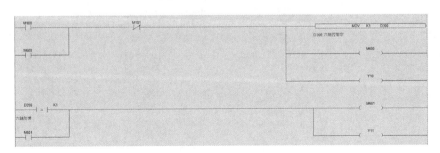

图 12-144　PLC 控制程序

思考与练习

12-1 简述 PLC 与六轴机器人的通信过程，编写通信程序，并验证。

12-2 TouchWin 软件工程下载中的"普通下载"和"完整下载"有何区别？

12-3 六轴工业机器人接收 PLC 发送的数据与向 PLC 发送数据时，分别使用哪两个变量？

12-4 六轴工业机器人调用子程序使用哪条指令？调用子程序的步骤是什么？

12-5 六轴工业机器人与 PLC 进行通信时，发送整型数据与接收整型数据的地址分别是多少？

12-6 如何对 PLC 及触摸屏的 IP 地址进行更改？

12-7 在触摸屏上设置一按钮（地址为 M100），要求按下按钮后触摸屏面板绿色灯常亮，六轴工业机器人开始搬运工件，搬运结束后回到原点，绿色灯熄灭，红色灯常量，再次按下按钮，红色灯熄灭。根据上述要求编写触摸屏画面、PLC 程序及机器人程序。

第 13 章

项目五：工业机器人系统维护

项目引入

　　本项目详细讲解了工业机器人系统维护的主要内容和基本操作方法，涉及机器人本体和控制柜的常规检查与定期检查。通过本项目的开展，能够使读者较为全面地掌握工业机器人系统的维护方法。

技能目标

　　① 能够制定工业机器人的检查维护计划。
　　② 能够按要求完成工业机器人控制柜的维护。
　　③ 能够按要求完成工业机器人本体的维护。

13.1　任务一：工业机器人控制柜维护

【任务要求】

　　根据某机器人工作站的安全操作指导书，了解机器人控制柜的结构组成，养成良好的作业习惯，在机器人通电之前对整个系统进行常规检查，避免出现人身及设备安全风险。本任务具体包括以下内容：
　　① 熟悉控制柜维护的内容；
　　② 掌握相关维护内容的操作方法。

【工具准备】

　　安全操作指导书、安全帽、工作服、劳保鞋、万用表、螺丝刀等。

【任务实施】

　　工业机器人控制柜维护是一项确保控制柜可靠运行的重要工作，由日常检查维护和定期检查维护两部分组成。其主要内容如表 13-1 所示。

表 13-1　控制柜维护项目表

序号	检查项	内容	周期			方法
			日常	3 个月	6 个月	
1	整体	整洁、无杂物、外观完好	√	√	√	目视
2	线缆	无破损、走线合理有序	√	√	√	目视
3	插接器	连接牢固、无损坏		√	√	目视、手动
4	开关按钮	完好、操作顺畅	√	√	√	目视、手动
5	标识	完整、清晰	√	√	√	目视
6	散热风扇	完好、清洁、转动顺畅		√	√	目视、手动
7	柜体内部	完好、清洁			√	目视
8	紧固件	无松动		√	√	目视、手动
9	控制单元	功能正常			√	工具测试
10	安全回路	正常			√	工具测试
11	通信	正常	√	√	√	操作测试
12	急停按钮	功能正常	√	√	√	操作测试

下面以 DLDS-3717 工业机器人技术应用系统为例，对部分内容的维护方法进行说明。

① 维护项目 1：清洁示教器。

示教器的清洁宜采用拧至不滴水的纯棉湿毛巾（防静电）进行擦拭，必要时可以使用经稀释后符合要求的中性清洁剂。

② 维护项目 2：检查和清洁散热风扇。

维护检查散热风扇主要是查看叶片是否完整，有无出现损坏或破裂等现象，以及拨动风扇时转动是否顺畅。如有异常，需要及时处理。清洁散热风扇时，可先用毛刷进行清扫，并用托板接走灰尘，然后用手持式吸尘器清洁残留的灰尘。

③ 维护项目 3：线缆与插接器。

检查维护线缆和插接器：检查线缆走线是否合理有序，同时应完整检查线缆各处是否有打结、破损、开裂、老化等情况，若有则需要及时处理或更换，以避免引起通信不畅、漏电等问题；检查插接器是否存在损坏、松动、脱落等情况，可以用手轻轻摇动插头连接处，或用螺丝刀对紧固件进行加固。注意：操作前须确保主电源已断开。

④ 维护项目 4：检查安全回路。

安全回路的检查需要查看电路连接处是否松动，连接处有无漏铜，同时要查看熔丝管安装是否正常，台体接地是否可靠。用万用表测试电路有无短路故障时，把万用表调至通路测试挡位后，用表笔接触待测端子，如果发出"滴"的蜂鸣声表示接通，说明可能存在短路的情况，需要进一步检测。

⑤ 维护项目 5：通信检查。

通信检查的主要目的是验证机器人系统中本体、控制柜和示教器三者之间信号连接情况，可以通过操作示教器控制各轴运动进行验证。在日常使用中，示教器可有效控制机器人动作即说明通信正常。

⑥ 维护项目 6：急停按钮。

急停按钮检查涉及外观完好和功能正常两方面。通过目视即可检查外观的完好性。功能验证则需要在系统启动后，分别对示教器、平台面板和控制柜上的急停按钮进行操作，当急停按钮被按下时，示教器显示区出现如图 13-1 所示报警提示，则说明急停按钮功能正常。

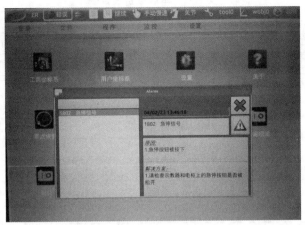

图 13-1 示教器急停报警

注意,检测完成后要将各处急停按钮复位。急停按钮的复位操作是顺时针方向旋转并向上拉起或自动弹起,如图 13-2 所示。有的急停按钮可通过按压复位。

图 13-2 急停按钮复位

13.2 任务二: 工业机器人本体维护

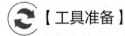【任务要求】

熟悉机器人本体的结构组成,能够根据实训指导书的要求,独立完成机器人本体各部分的维护,并熟练掌握相关维护方法。本任务具体包括以下内容:

① 熟悉机器人本体的结构组成;
② 掌握机器人本体维护的常规操作方法。

【工具准备】

实训指导书、安全帽、工作服、劳保鞋、螺丝刀等。

【任务实施】

工业机器人本体维护包括日常检查维护和定期检查维护两部分。其主要内容如表 13-2所示。

表 13-2　本体维护项目表

序号	检查项	内容	周期			方法
			日常	3个月	6个月	
1	整体	整洁、无杂物、外观完好	√	√	√	目视
2	线缆	无破损、走线合理有序	√	√	√	目视
3	插接器	连接牢固、无损坏		√	√	目视、手动
4	标识	完整、清晰	√	√	√	目视
5	机械限位	正常		√	√	操作测试
6	机器人壳体	完好	√	√	√	目视
7	电池	电压检测		√	√	检测、更换
8	润滑油（脂）	正常		√	√	补充、更换
9	同步带	无破损、安装正常			√	检查
10	工作状态	运行平稳、无异响	√	√	√	操作测试

下面以 DLDS-3717 工业机器人技术应用系统为例，对部分内容的维护方法进行说明。

① 维护项目 1：清洁工业机器人。

工业机器人本体的清洁，使用拧至不滴水的纯棉湿抹布擦拭即可，对于不易清除的油污痕迹可以使用适宜的清洁剂。需要注意的是：

a. 务必确保关闭主电源后，方可进入工业机器人作业范围以内。

b. 务必使用规定允许的清洁工具和清洁剂，任何不符合要求的清洁工具和清洁剂都可能会缩短工业机器人的使用寿命。

c. 清洁前，务必要确认各处的保护盖都已经正确安装在工业机器人上。

d. 禁止进行下列操作：

• 用高压水/气喷淋、冲洗工业机器人，特别是插接器、密封件及垫圈等；

• 使用未获工业机器人厂家认可的清洁剂；

• 通电状态下对工业机器人进行清洁；

• 清洁过程中，卸下任何保护盖或其他防护、保护装置。

② 维护项目 2：机械限位。

在检查工业机器人机械限位时，应准确识别限位结构的位置，能够操作工业机器人运行至限位结构处，验证其可靠性。注意：在机器人运行至接近限位位置时，应降低其运行速度；应在关节坐标系下对各轴的限位功能进行单独检测。

③ 维护项目 3：更换电池。

在日常检查中，如果发现示教器报警提示电池组电压过低，需及时更换电池组。在定期维护检查中也可对电池组进行测试检查，发现电压过低，也可对电池组进行更换。以下对电池组更换方法进行说明，如图 13-3 所示。

a. 电池组位于机器人底座壳体内部，需要将电池仓盖拆卸下来。

b. 取出电池组，并将废旧电池拆下。注意取出的过程中不要过于用力拉扯电池包，避免损坏接线。

c. 更换新的电池组，并将其安放回电池仓内。注意更换新的电池组后要做好绝缘防护。

d. 装好电池仓盖。

④ 维护项目 4：更换润滑油（脂）。

工业机器人更换润滑油（脂）操作步骤如下：

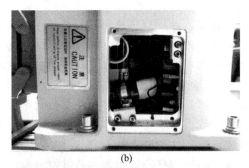

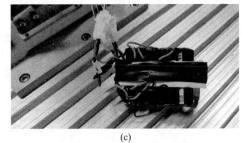

(a)　　　　　　　　　　　(c)

图 13-3　更换电池组

① 手动将工业机器人移动至换油姿态后关闭主电源（具体角度查阅设备手册）。

② 根据工业机器人机械保养手册，找到工业机器人各轴的注油口和排油口位置。

③ 补充润滑油（脂）时，取下排油口的螺塞，用油枪从注油口注油；需要更换润滑油（脂）时，可以从排油口观察油（脂）变化情况，当有新的油（脂）开始排出时，说明润滑油（脂）更换完成。在装回排油口螺塞前，应运转几分钟，使多余的润滑油（脂）从排油口排出。

④ 用抹布擦净从排油口排出的多余润滑油（脂），装回螺塞。螺塞的螺纹处要包缠生胶带并用扳手拧紧。

各部分所需润滑油（脂）量见表 13-3。

表 13-3　各部分所需润滑油（脂）量

提供位置	加油（脂）量	备注
J1 轴减速器	560mL	急速供油会引起油仓内的压力上升，使密封圈开裂，从而导致润滑油渗漏，供油速度应控制在 4mL/s 以下
J2 轴减速器	410mL	
J3 轴减速器	230mL	
J4 轴减速器	100mL	
手腕部分	75mL	

思考与练习

13-1　判断下列说法是否正确。

① 在进行工业机器人示教器清洁时，使用带水湿毛巾进行擦拭即可。　　　　　　（　　）

② 清洁散热风扇时，可先用毛刷进行清扫，并用托板接走灰尘，然后用手持式吸尘器

清洁残留的灰尘。　　　　　　　　　　　　　　　　　　　　　　　　　（　　）

③ 线缆和插接头如有破损的情况，可继续使用至无法使用时再进行更换。（　　）

④ 通信检查时可以通过操作示教器控制各轴运动进行验证。　　　　　　（　　）

⑤ 清洁工业机器人时，务必将各处的保护盖打开再进行清洁。　　　　　（　　）

⑥ 用高压水/气喷淋、冲洗工业机器人，以获得更好的清洁效果。　　　（　　）

⑦ 在检查工业机器人机械限位时，应当快速移动工业机器人至限位位置。（　　）

⑧ 机器人示教器产生编码器电池电量低的报警信息时，应当及时更换电池。（　　）

⑨ 充润滑油（脂）时，取下排油口的螺塞，用油枪从注油口注油。　　　（　　）

⑩ 用抹布擦净从排油口排除的多余润滑油（脂），装回螺塞。螺塞的螺纹处要包缠生胶带并用扳手拧紧。　　　　　　　　　　　　　　　　　　　　　　　　　（　　）

13-2　根据所学内容，完成一次实验前的工具准备。

13-3　根据所学内容，结合实际实验条件，完成一次工业机器人的控制柜维护。

13-4　根据所学内容，结合实际实验条件，完成一次工业机器人的本体维护。

第 14 章

项目六：工业机器人系统故障及处理

项目引入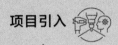

> 本项目介绍机器人系统常见故障及分类，在排除故障时遵循的原则、思路及基本方法，使读者初步了解机器人系统故障检修思路及方法。

技能目标

> ① 能够对工业机器人一般故障进行分析和排除。
> ② 具备防范和处理工业机器人较复杂故障的能力。
> ③ 具备在故障的分析、排除过程中不断总结、提高的能力。

14.1　任务一：工业机器人本体故障诊断及处理

14.1.1　机器人振动噪声故障诊断与处理

振动和噪声故障诊断：第 1 步需要确定是哪一个部位出现了异常振动和噪声，确定是哪一个轴出现异常现象，当没有明显异常动作而难以判断时，需要对有无发出异常声音的部位、有无异常发热的部位、有无出现间隙的部位等进行调查；第 2 步要查明哪一个部件有损坏情况，一种现象可能是由多个部件导致的。

判明异常后要进行诊断和故障处理。表 14-1 为针对振动和噪声可能涉及的故障现象说明。

表 14-1　振动和噪声可能涉及的故障表

故障说明 ＼ 原因部件	减速器	电机
过载[①]	○	○

235

续表

故障说明 ＼ 原因部件	减速器	电机
发生异响	○	○
运动时振动[2]	○	○
停机时晃动[3]		○
异常发热	○	○
误动作、失控		○

① 负载超出电机额定规格范围时出现的现象。
② 动作时的振动现象。
③ 停机时在停机位置周围反复晃动数次的现象。

　　减速器损坏时会产生振动、异响，会妨碍正常运转，导致过载、偏差异常，出现异常发热现象，此外，还会出现完全无法动作及位置偏差。此时需要更换减速器。电机异常时，会出现停机时晃动、运转时振动等动作异常现象，此外，还会出现异常发热和异响等情况。此时需要根据实际产生振动的关节排查是电机还是减速器故障，然后再进行相应的更换。

14.1.2　电机过热故障诊断与处理

　　机器人电机过热，通常是因为机器人过载或者机器人工作的周围环境温度过高。一般情况下，当机器人出现过载时，机器人会通过示教器发出警告代码1045，同时会提示"轴%n电机持续过载"。当电机过热时，机器人也会通过示教器发出"编码器温度过高"的故障警告。

　　具体处理措施如下：
　　① 检查机器人的末端负载是否大于机器人的额定负载。
　　② 查看机器人的工作环境温度是否高于机器人规定的作业环境温度。
　　③ 减小机器人的运行速度或者增加延时，可以减缓机器人过载、过热的情况。

14.1.3　齿轮箱漏油故障诊断及处理

　　首先是齿轮箱漏油故障诊断。由于机器人只有手腕部分有齿轮箱，因此齿轮箱漏油只能发生在手腕部分，通过观察手腕外部是否存在漏油情况，可以判断是否漏油，及漏油点位置。漏油可能的原因一般有三个：手腕部分密封性不好、内部压力过大、加载的油液过多。故障处理方式为拆卸手腕重新进行密封处理、打开排油口进行排压处理、打开排油口让润滑油自动流出。

14.2　任务二：工业机器人控制柜故障诊断及处理

（1）控制器故障处理
按照以下步骤处理控制器故障。
　　① 点击状态栏的"系统状态"按钮，可以查看系统的事件，包括操作信息、报警信息等。
　　② 查看事件日志。
　　a. 显示区域：显示事件的相关代码、产生日期以及内容。
　　b. 事件说明区域：显示指定事件产生的原因以及解决方法。

　　c. 筛选区域：通过勾选不同的事件类型，显示区域显示不同的事件。例如，只勾选报警的选项，显示区域只显示记录的所有报警。

　　d. 操作区：包括查看详情、保存日志和清空日志。

　　③ 通过点击"详情"按钮，可以显示或者隐藏事件说明区域。

　　处理措施：控制器的故障处理可按照事件说明区域的信息进行处理，也可以根据故障代码，在工业机器人维护手册中查出相应的故障代码对应的分析及解决措施。控制器故障处理如图 14-1 所示。

图 14-1　控制器故障处理

（2）驱动器故障处理

　　在任务栏的"监控"菜单下点击"驱动器"按钮，进入驱动器监控界面如图 14-2 所示。这里显示了各轴的驱动的状态、是否有报警以及报警的描述。

　　故障处理：当某轴出现问题时，可以根据其对应的报警代码，或者查看对应的驱动器发出的故障代码，在工业机器人维护手册内查出相应的故障代码对应的分析及解决措施。

图 14-2　各轴驱动状态

（3）控制柜各单元诊断与处理

　　① 观察急停按钮按下与松开时，安全板继电器的状态。

② 观察上伺服与伺服断开时，安全板继电器的状态。

③ 控制柜未通电时，用万用表检查控制柜电路通断情况。

④ 更换损坏的继电器。

思考与练习

14-1　请叙述振动和噪声故障诊断。

14-2　当电机过热时如何处理？

14-3　齿轮箱漏油如何处理？

14-4　叙述处理控制器故障的步骤。

14-5　叙述控制柜继电器故障的处理。

附录

1+X 等级考试初级理论样题

一、单项选择题（本大题共 40 小题，每小题 1.5 分，共 60 分）

1. 示教器使用完毕后，应放在（　　）位置。

A. 工业机器人上　　　B. 系统夹具上　　　C. 示教器支架上　　　D. 地面上

2. 当工业机器人发生紧急情况，并有可能发生人身伤害时，下列操作比较得当的是（　　）。

A. 强制扳动　　　　　　　　　　B. 整理防护服

C. 按下急停按钮　　　　　　　　D. 骑坐在机器人上，超过其载荷

3. 以下几种情况下使用工业机器人一般不会导致其系统破坏的是（　　）。

A. 有爆炸可能的环境　　　　　　B. 燃烧的环境

C. 潮湿的环境　　　　　　　　　D. 噪声污染严重的环境

4. 工业机器人系统上的标识都与工业机器人系统的安全有关。下列图标和符号中，表示"机器人工作，禁止进入机器人工作范围"的选项为（　　）。

A. 　　　　　　　B.

C. 　　　　　　　D.

5. 工业机器人的种类有很多，其功能、特征、驱动方式以及应用场合等不尽相同。以下工业机器人的分类标准中，不是按照控制方式划分的是（　　）。

A. 连续轨迹控制机器人　　　　　B. 点位控制机器人

C. "有限顺序"机器人　　　　　　D. AGV 移动机器人

6. 自由度是反映工业机器人动作灵活性的重要技术指标。下列各类工业机器人中，自由度数量最少的是（　　）。

A. SCARA 机器人　　　　　　　B. 圆柱坐标机器人

C. 球坐标机器人　　　　　　　　D. 六轴串联机器人

7. 谐波减速器是利用行星齿轮传动原理发展起来的减速器，在工业机器人上得到了大量的应用，关于谐波减速器下列说法错误的是（　　）。

A. 相对传统减速器，谐波减速器体积小、质量小

B. 由于谐波减速器中有一部件是柔轮，其容易发生形变，因此谐波减速器的精度较差

C. 运动平稳、噪声小

D. 传动比范围大

8. 工业机器人在执行抛光作业时，要求工业机器人末端执行器与作业对象接触并保持

一定的压力。下列控制方式中适合抛光工艺实施的控制方式为（　　）。

  A. 力/力矩控制　　　　B. 速度控制　　　　C. 加速度控制　　　　D. 智能控制

  9. 工业机器人的技术参数反映了工业机器人的适用范围和工作性能，是选择和应用工业机器人必须要考虑的问题，也是真实反映工业机器人的主要技术参数，下列说法错误的是（　　）。

  A. 一般而言，工业机器人的绝对定位精度要比重复定位精度低一到两个级别

  B. 分辨率是指工业机器人每根关节轴实现的最小移动距离或最小转动角度

  C. 承载能力是指工业机器人在作业范围内任何姿态所能承受的最大质量，不仅取决于负载的质量，还与运行的速度和加速度有关

  D. 工业机器人的作业范围主要是指工业机器人安装末端执行器时的工作区域

  10. 驱动系统相当于人体的肌肉，按照能量转换方式的不同，工业机器人的驱动类型可以分为多种。下列驱动方式中，相对负载能力较为突出的是（　　）。

  A. 电力驱动　　　　B. 人工肌肉　　　　C. 液压驱动　　　　D. 气压驱动

  11. 工业机器人的运动实质是根据不同作业内容和轨迹的要求，在各种坐标系下的运动。当工业机器人配备多个不同类型的工作台来实现码垛等作业时，选用（　　）可以有效提高作业效率。

  A. 基坐标系　　　　B. 工件坐标系　　　　C. 工具坐标系　　　　D. 关节坐标系

  12. 工业机器人的腕部可以有多种形式，主要由 R 关节（旋转关节）和 B 关节（弯曲关节）组合构成，以此实现腕部的旋转、俯仰和偏转。在下列结构示意图中，属于常见的BBR 型手腕的是（　　）。

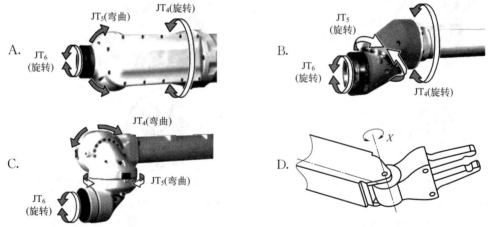

  13. 下列工具中，既可以作为安装工具，又可以对紧固件的扭矩/扭力值进行测量和设定的是（　　）。

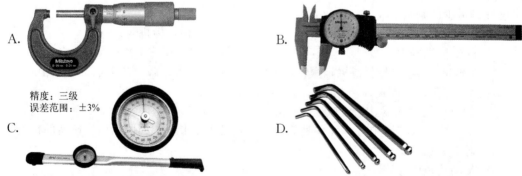

  14. 随着视觉技术、传感技术、智能控制、网络和信息技术以及大数据技术的发展，工

业机器人的编程技术将发生根本的变革。关于未来工业机器人编程方式，下列变化趋势可能性最小的是（　　）。

A. 编程将会变得简单、快速、可视

B. 基于互联网技术，实现编程的网络化、远程化、可视化

C. 各种新型技术的加入，使得编程结构方式更加复杂，对编程者的技能要求更高了

D. 基于增强现实技术实现离线编程和真实场景的互动

15. 根据气动、液压原理图正确安装气动、液压零部件是工业机器人辅件安装的重要技能。下图为某气动换向回路原理图，下列说法正确的是（　　）。

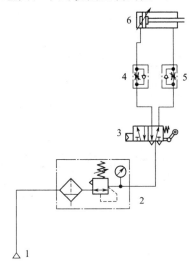

A. 气缸 6 为双作用气缸

B. 调速接头 5 可以调节气缸活塞杆伸出的速度

C. 换向阀为二位四通阀，当置左位时可连通气缸的无杆缸，从而使气缸活塞杆伸出

D. 调速接头 4、5 可以调节气缸的压力值

16. 电气图是用电气符号、带注释的围框或简化外形表示电气系统或设备中组成部分之间相互关系及连接关系的图。下列电气图中，能够表达各元件图形、元件的简化形状、实际连接关系的是（　　）。

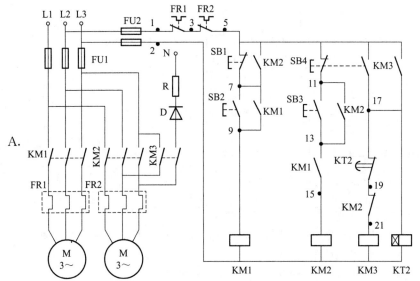

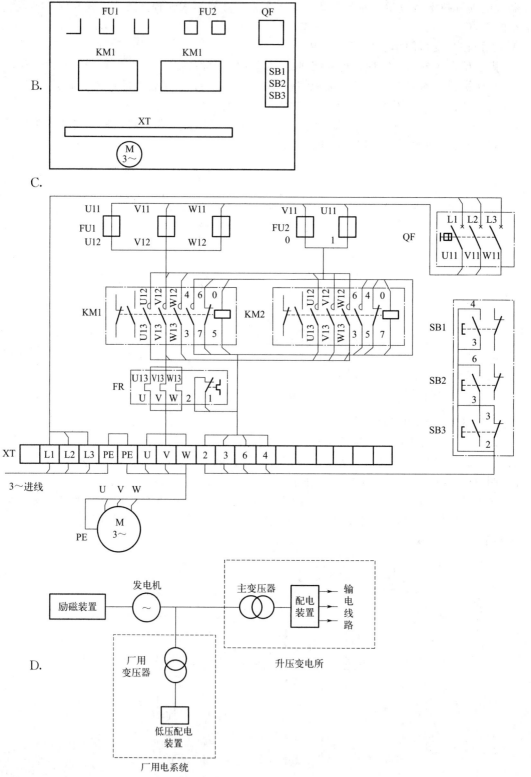

17. 在安装工业机器人应用型工作站时，需要根据各种工艺指导文件进行装配。下列针对《工艺过程综合卡片》描述正确的是（　　）。

A. 是以工序为单位，详细说明整个工艺过程的工艺文件

B. 主要列出了整个生产加工所经过的工艺路线的工艺文件，是制定其他工艺文件的基础

C. 要画工序简图，说明该工序每一工步的内容、工艺参数、操作要求以及所用的设备及工艺装备

D. 单件小批量生产中，不需要编制此种工艺文件

18. 下列关于工业机器人的安装环境要求，描述错误的是（　　）。

A. 工业机器人属于电气设备，对环境湿度有一定要求，一般需要保持在 20％～80％RH

B. 尽管工业机器人的工作区域有限，依然需要安装防护装置（如安全围栏）

C. 工业机器人由相应的控制柜供电，本体无需单独接地

D. 由于工业机器人工作温度与储存温度区间略有差异，保持在 0～45℃范围内即可满足要求

19. 图示为某工业机器人的法兰装配结构图，关于法兰盘安装结构、尺寸和操作，下列说法正确的是（　　）。

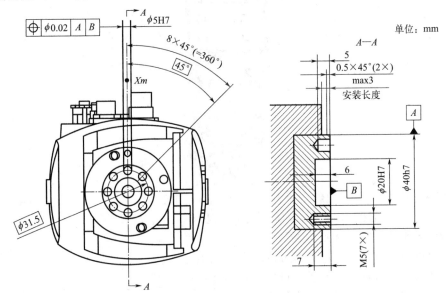

A. 法兰盘可以用来安装快换装置，需要 8 个紧固螺钉将快换装置（机器人端）固定在法兰盘上

B. 该法兰盘有两个定位基准，即 A—A 视图中的圆周定位基准和端面定位基准

C. 安装末端执行器或者快换装置时，需要先用 ϕ5mm 的定位销来定位周向位置

D. 为确保安装在法兰盘上的装置稳固，需要用内六角扳手尽可能拧紧

20. 在气动职能图形符号中，常见气动图形符号———⟨○⟩———表示的是（　　）。

A. 压缩机　　　　　　B. 气动马达　　　　　　C. 单向阀　　　　　　D. 冷却器

21. 工业机器人语言的基本功能都是通过系统软件来实现的，下列功能不属于工业机器人语言功能的是（　　）。

A. 运算功能　　　　　B. 通信功能　　　　　　C. 翻译功能　　　　　D. 运动功能

22. 工业机器人在进行重定位（或回转）运动时，旋转工具姿态的参考点是（　　）。

A. 法兰盘中心点　　　　　　　　　　B. 当前选中的工具坐标系原点

C. 基座中心点　　　　　　　　　　　D. 工件坐标系原点

23. 对于工业机器人编程方法，下列说法正确的是（   ）。

A. 程序模块有且只能有一个

B. 不同程序模块间的两个例行程序可以同名

C. 程序模块中都有一个主程序

D. 为便于管理可将程序分成若干个程序模块

24. 当工业机器人的使能按钮处于（   ）时，电机处于开启状态。

A. 中间挡位　　　　　B. 未按下　　　　　C. 底部挡位　　　　　D. 以上均不正确

25. 一个好的编程环境有助于提高工业机器人编程者的编程效率，下列功能中，目前工业机器人编程系统还不具备的是（   ）。

A. 在线修改和重启功能　　　　　B. 传感器输出和程序追踪功能

C. 仿真功能　　　　　D. 自动纠错功能

26. 数字万用表是性能非常优越的工具仪表，可以用来测量很多电气参数，是电工的必备工具之一。下列几个参数中，万用表不能测量的是（   ）。

A. 直流电流　　　　　B. 交流电压　　　　　C. 电容　　　　　D. 带电的电阻

27. 机器人示教器操作中，以下做法正确的是（   ）。

A. 示教器使用完毕，需要放回原位置

B. 示教机器人过程中，示教器可以放在控制柜上

C. 示教机器人过程中，示教器可以挂在本体上

D. 示教器使用完后，可以放在地上

28. 当工业机器人手臂与外部设备发生碰撞时，如果不易挪动外部设备也不能通过操纵工业机器人解决问题，可通过操作（   ）来排除当前运行故障情况。

A. 急停按钮　　　　　B. 电机上电按钮

C. 程序停止按钮　　　　　D. 制动闸释放按钮

29. 对于专业的工业机器人操作人员，在工作过程中下列做法不当的是（   ）。

A. 发现设备运转不正常、超期未检修、安全装置不符合规定时，立即上报

B. 工业机器人运行相对比较安全，设备运行记录及操作日记可以间隔一段时间记录一次

C. 认真执行操作指标，不准超温、超压、超速和超负荷运行，对违规、违章操作零容忍

D. 制止他人私自动用自己岗位的设备

30. 以下电气故障中属于工业机器人软件故障的是（   ）。

A. 接触器内部导电片烧坏

B. 系统参数改变（或丢失）

C. 集成电路芯片发生故障

D. 工业机器人外部扩展通信模块插接不牢固

31. 在工业机器人日常维护中，需要在开机之后确认与上次运行的位置是否发生偏移，即确认定位精度。如果出现偏差，下列措施对于解决该问题没有帮助的是（　　）。

A. 确认工业机器人基座是否有松动

B. 微调工业机器人外围设备的位置，使工业机器人 TCP 正好能够到达相对正确的位置

C. 重新进行零点标定

D. 确认工业机器人没有超载、发生碰撞

32. 进行工业机器人系统故障检修时，根据预测的故障原因和预先确定的排除方案，用试验的方法进行验证，逐级来定位故障部位，最终找出发生故障的真正部位。为了准确、快速地定位故障，应遵循（　　）的原则。

A. 先操作后方案　　　　　　　　　　B. 先方案后操作

C. 先检测后排除　　　　　　　　　　D. 先定位后检测

33. 即使工业机器人只有一个报警信号，其背后也可能有众多的故障原因，下列方法中使用不当的是（　　）。

A. 检查并恢复工业机器人的各种运行参数

B. 利用部件替换来快速找到故障点，若故障消失或转移，则说明怀疑目标正是故障点

C. 可以依靠人的感觉器官来寻找故障点，如元器件是否短路、过压

D. 根据自身经验，判断最有可能发生故障的部位，然后进行故障检查，进而排除故障

34. 下列工业机器人的检查项目中，属于日常检查及维护的是（　　）。

A. 补充减速器的润滑脂　　　　　　　B. 检查机械式制动器的形变

C. 控制装置电池的检修及更换　　　　D. 检查定位精度是否出现偏离

35. 在工业机器人维护及故障排除方面，除一些常用的基本方法之外，还需要整体把握基本的故障排除原则，下列原则中正确的是（　　）。

A. 先硬件检查后软件检查

B. 先电气检查后机械检查

C. 先解决公用、普遍问题，后解决专用、局部问题

D. 先自己去现场通过敲打、检测等手段了解现场，再询问操作人员具体情况

36. 下列对于工业机器人操作人员的"四懂、三会"要求中，四懂对（　　）不作要求。

A. 懂结构　　　　　B. 懂制造　　　　　C. 懂性能　　　　　D. 懂用途

37. 在工业机器人维护过程中，若已经确认了大致的故障范围，则优先使用（　　）方法进行故障排除。

A. 部件替换法　　　B. 参数检查法　　　C. 隔离法　　　　　D. 直观检查法

38. 工业机器人在使用过程中，每隔一段时间总有少量润滑油渗出，下列说法可能性最小或操作不当的是（　　）。

A. 怀疑润滑油黏度小，直接更换黏度更大的润滑油

B. 在运转刚刚结束后，打开一次排油口，以恢复内压

C. 密封圈等密封装置发生破损

D. 当工业机器人铸件上发生龟裂时，可暂用密封剂封住裂缝，并尽快更换该部件

39. 在工业机器人定期维护时，控制装置通气口的清洁频次是比较高的。通常需要检查控制柜表面的通风孔和（　　），确保干净清洁。

A. 泄流器　　　　　B. 系统风扇　　　　C. 计算机风扇　　　D. 标准 I/O 板

40. 利用观察法进行工业机器人故障排除时，下列故障中不能通过听觉来判断的是（　　　）。

　　A. 变压器因铁芯松动引起振动的吱吱声。

　　B. 齿轮或同步带断齿或打滑造成的撞击声。

　　C. CPU 运行异常的声音。

　　D. 继电器、接触器等因回路间隙过大、线圈欠压引起的嗡嗡声。

二、多项选择题（本大题共 10 小题，每小题 3 分，共 30 分）

1. 工业机器人的安全操作及防范措施是每个操作人员必须掌握的技能。下列操作和防范措施中，符合安全规范的是（　　　）。

　　A. 在工业机器人周围设置安全栅栏，并在安全栅栏入口处张贴"远离作业区"警示牌

　　B. 工业机器人本体安装工具或辅件，需要在工业机器人手动运动模式下才能进行

　　C. 未受培训的人员禁止接触工业机器人控制柜和示教器

　　D. 示教器使用完毕后，请挂在工业机器人本体上，以便下次操作

2. 工业机器人控制系统的主要任务是控制工业机器人在工作空间中的运动位置、姿态、轨迹、操作顺序及动作的时间等，工业机器人控制系统具有（　　　）功能。

　　A. 示教再现功能　　　　　　　　　　B. 外围设备通信功能

　　C. 离线仿真功能　　　　　　　　　　D. 位置伺服功能

3. 在实际生产应用中，以下几种类型的电机在工业机器人中得到广泛应用的是（　　　）。

　　A. 伺服直流电机　　　　　　　　　　B. 步进电机

　　C. 三相异步交流电机　　　　　　　　D. 伺服交流电机

4. 安装工业机器人本体时，下列要素需要着重注意的是（　　　）

　　A. 保持工业机器人外观不磨损　　　　B. 工业机器人的最大运行速度

　　C. 工业机器人的跌倒力矩、旋转力矩　D. 螺栓尺寸与紧固力矩

5. 机器人控制柜安装前，安装地点必须符合的条件有（　　　）。

　　A. 粉尘、油烟、水较少的场所

　　B. 附近应无大的电器噪声源

　　C. 作业区内允许有易燃品及腐蚀性液体和气体

　　D. 湿度必须高于结露点

6. 为了提高工业机器人的工作效率，人们创造了多种编程方式，目前工业机器人的编程方式主要有（　　　）。

　　A. 示教编程　　　　　　　　　　　　B. 自主编程

　　C. 人工智能编程　　　　　　　　　　D. 离线编程

7. 工业机器人的语言操作系统的基本操作状态有（　　　）。

　　A. 语言开发状态　　　　　　　　　　B. 监控状态

　　C. 执行功能　　　　　　　　　　　　D. 编辑功能

8. 工业机器人上的所有电缆在维修前应进行严格的检查，下列检查操作不当的是（　　　）。

　　A. 检查电缆的屏蔽、隔离是否良好

　　B. 根据手册测试接地线的要求

　　C. 针对较长的线缆（如示教器线缆），可以从中间截断减少线缆长度，以较少外接干扰

　　D. 电缆的绝缘层一般有多层，最外层有破损现象可以忽略，也不会有安全隐患

9. 当工业机器人出现异常振动和异响时，下列措施可以有效解决该故障问题的是（　　）。

  A. 确认工业机器人的主电源线缆是否有破损，若有则需要及时更换或修补

  B. 加固架台、地板面，提高其刚性

  C. 确认工业机器人机身是否有伤痕，若有则需要及时修补

  D. 检查螺栓是否松动，若松动则涂上防松胶并以适当力矩切实拧紧

10. 按照故障性质的不同，工业机器人故障可分为系统性故障和随机性故障。以下应用场景中，属于工业机器人系统故障的是（　　）。

  A. 电池电量不足而发生控制系统故障报警

  B. 抛光时某一位置由于施加压力过大而引起的故障报警

  C. 润滑油（脂）需要更换而导致工业机器人关节转动异常

  D. 焊接时由于线缆盘绕圈数过多，线缆感抗过大，致使焊缝工艺质量很差

三、判断题（本大题共 5 小题，每小题 2 分，共 10 分）

1. 通电中，禁止未受培训的人员接触工业机器人控制柜和示教器。（　　）

2. 六轴串联工业机器人末端执行器的位置由机器人手腕的运动来实现，末端执行器的姿态由机器人手臂的运动来实现。（　　）

3. 工具快换装置可以使得工业机器人快速更换末端执行器，增加工业机器人的柔性，并且大大提高生产效率。（　　）

4. 按照作业描述水平的高低，工业机器人编程语言类型可分为动作级、对象级和任务级编程语言，其中任务级编程语言实施和应用较为简单，目前已得到广泛应用。（　　）

5. 当操作人员认为工业机器人发生故障时，应优先查看系统中的参数是否丢失，排除人为使用方式或操作方法的不当，最后才是拆机排除故障。（　　）

1+X 等级考试初级实操样题

任务一：安装工业机器人系统

某工作站已完成系统内部电气系统的连接，接下来需要完成搬运码垛单元的机械安装和气路的连接。请根据要求完成搬运码垛单元的安装。

要求：

① 根据工作站机械布局图，将搬运码垛单元放置到工作台面合理的位置，正确使用工具将单元底板固定到工作站台面上。

② 根据工作站气路图完成工业机器人控制夹爪工具动作部分的气路连接，实现夹爪工具正常的张开和夹紧功能。

③ 测试快换装置主端口锁紧钢珠是否正常。

任务二：示教器系统语言与参数设置

工作站的工业机器人配备的示教器操作环境不符合当前使用要求，请根据要求完成示教器操作环境的配置。

要求：

① 工业机器人系统启动后，将工业机器人运行模式设置为手动模式。

② 将工业机器人出厂的默认系统环境语言设置为中文。

③ 设定工业机器人的程序运动速率为额定速率的 40%。

任务三：工业机器人的物料搬运

工作站的工业机器人通过示教器既可操作其任意一个关节轴的运动，也可操作其末端中心点按照笛卡儿坐标系进行线性运动。请根据实际要求使用示教器，在手动控制模式下，完成物料的搬运码垛。

① 手动操作工业机器人用夹具在智能料仓单元拾取物料。

② 利用工业机器人的线性运动，完成物料的搬运。注意避开障碍物。

③ 将物料准确放置在码垛平台上。

参 考 文 献

［1］ 北京新奥时代科技有限责任公司．工业机器人操作与运维实训（中级）［M］．北京：电子工业出版社，2020.

［2］ 兰虎，鄂世举．工业机器人技术及应用［M］．第2版．北京：机械工业出版社，2020.

［3］ 北京赛育达科教有限责任公司．工业机器人应用编程（ABB）［M］．北京：高等教育出版社，2020.

［4］ 吕世霞，周宇，沈玲．工业机器人现场操作与编程［M］．武汉：华中科技大学出版社，2016.

［5］ 叶晖．工业机器人故障诊断与预防维护实战教程［M］．北京：机械工业出版社，2018.

［6］ 谢光辉．工业机器人系统安装调试与维护［M］．北京：机械工业出版社，2020.

［7］ 戴晓东．埃夫特工业机器人拆装与维护［M］．西安：西安电子科技大学出版社，2018.

［8］ 李锋．ABB工业机器人现场编程与操作［M］．北京：化学工业出版社，2021.

［9］ 张超．ABB工业机器人现场编程［M］．北京：机械工业出版社，2017.

［10］ 李泉．PLC技术与应用：信捷XC系列［M］．北京：化学工业出版社，2021.

［11］ 黄延胜．工业机器人与PLC通信实战教程［M］．北京：机械工业出版社，2020.